医・食・農は微生物が支える

～腸内細菌の働きと自然農業の教えから～

Makuuchi Hideo　Himeno Yuko
幕内秀夫　姫野祐子

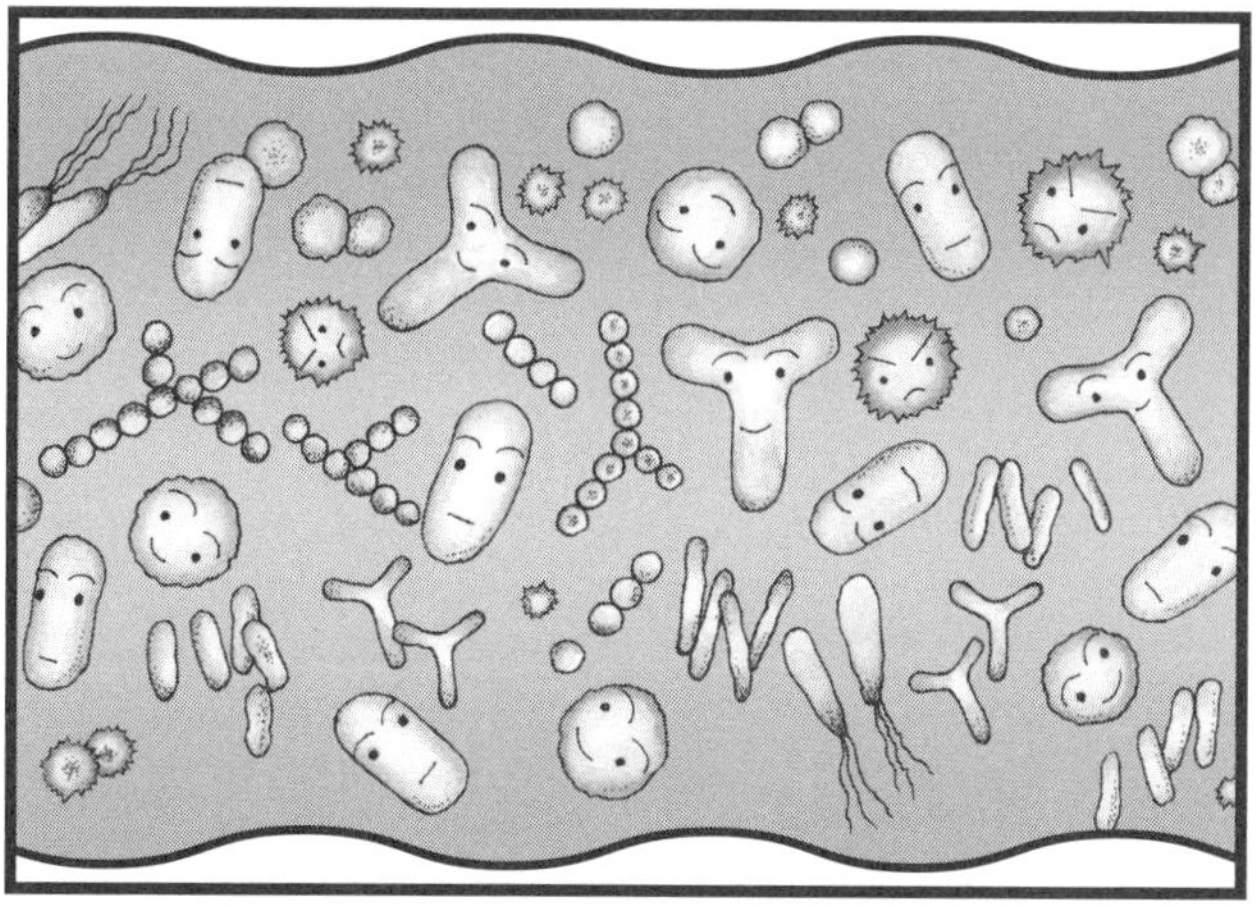

創森社

——植物の根と、人間の内臓は、豊かな微生物生態圏の中で、同じ働き方をしている

（『土と内臓』デイビッド・モントゴメリー、アン・ビクレー著、片岡夏実訳、築地書館）

人と土の健康は微生物重視から～序に代えて～

人の小腸から大腸にいたる腸管粘膜には、数千から数万種およそ100兆個もの細菌が棲息しているとされています。この腸内細菌が種類ごとにびっしりと並んでいる状態を腸内細菌叢といいますが、お花畑に見立てて腸内フローラとも呼んでいます。

細菌は微生物の一種。微生物は一般的に肉眼では観察できない微小、微細な生物の総称で、細菌のほかに寄生虫、カビ、酵母、菌類の一部などまであり、ウイルス（病原体の一つ）などを含めることがあります。細菌は幅0・1～3・0マイクロメートルで球状、桿状、螺旋状などを呈し、物質循環に重要な役割を果たすだけでなく、ある種のものは動植物に寄生して食中毒や病気を引き起こし、人の健康に害を及ぼすものもあります。

腸内細菌の種類や割合は個人によって多様に異なり、さらに在住国や食事内容、生活習慣、年齢などによっても異なったり変化したりします。また、腸内細菌は互いに密接な関係を持ちながら、勢力争いをしつつ数のバランスを複雑に保っています。

腸内細菌と病気との関わりは、現段階では研究途上とはいえ、これまで有害な腸内細菌の繁殖を抑えたり腸内細菌のバランスをはかったり、さらに免疫機能を整えたりする有益な働きがあることなどが報告されています。一方、腸内細菌叢のバランスが乱れることによって肥満、糖尿病、大腸がん、動脈硬化症、炎症性腸疾患、精神疾患、アレルギーなどが関連する病気として指摘されています。

人の腸内環境は祖先が長期にわたって営々と築き上げてきたもの。ある意味では人は腸内細菌と共生し、共進化の関係を続けてきたともいえるでしょう。まっとうな食生活で腸内環境を整え、腸内細菌叢を豊かにすることは、農業で化学肥料などを使わずに地域に棲息する微生物などによって土壌を肥沃にすることに通じるものがあります。

その典型的な取り組み例として趙漢珪《チョウハンギュ》先生の提唱する「自然農業」に魅力を感じ、約20年前から日本、韓国など内外の講習会に参加したり、自然農業に取り組む生産者の方々を訪ねたりしています。本来の農業である自然農業の考え方、取り組み方の基本については、日本自然農業協会の姫野祐子事務局長におまとめいただいております。

人の健康も土の健康も微生物によって支えられていることを実感し、本書の書名を『医・食・農は微生物が支える』としました。本書によって農業において微生物を活かすことの大切さを知っていただくと同時に、食生活においても日々の食事改善などでぜひとも腸内細菌の有用な働きを促し、みなさまの健康の維持・増進に役立てていただくことができれば幸いです。

2021年 4月

幕内 秀夫

もくじ

2章　食物繊維の大切さがわかってきている

序　章

微生物とのつきあいと自然農業の教え

幕内 秀夫

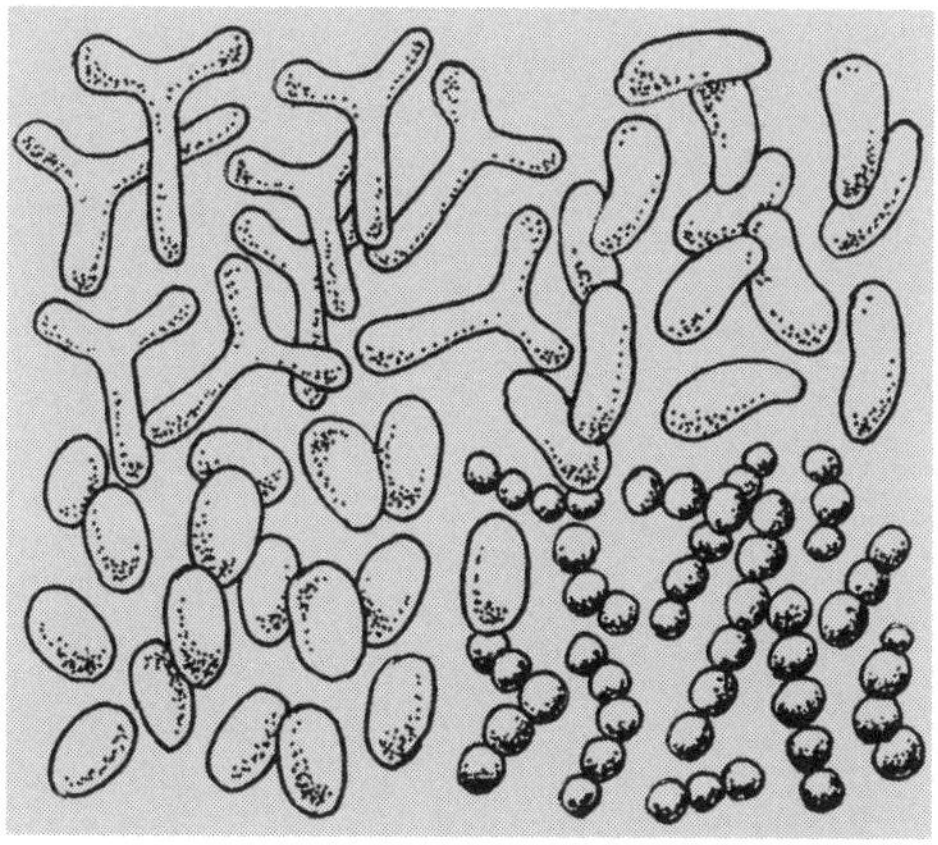

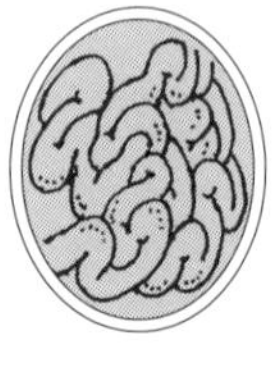

「便」で難病が治る

アメリカの医学雑誌「ニューイングランドジャーナル」（2013年）に「便微生物移植によって偽膜性腸炎の80～90パーセントが治癒」というニュースが紹介され、世界中に衝撃を与えます。

偽膜性腸炎という病気は、抗生物質の使用により、腸内の細菌叢が乱れ、クロストリジウム・ディフィシルなどの細菌が異常に増殖することによって起こる腸炎です。主な症状としては下痢や発熱などがあり、治療が難しくアメリカでは年間1万人近くが亡くなっている難病です。それが、健康な人の便を生理的食塩水に溶かし、ろ過した液体を内視鏡などで腸内に移植しただけで80～90パーセントも治癒したというのですから、すごい話です。

大規模な機械、設備などを必要としないため、すでに日本の大学病院や民間の病院でも実施されるようになっています。主に潰瘍性大腸炎やクローン病のような消化器系の疾患に行われていますが、すでに糖尿病、アレルギー疾患、精神的な疾患にも行われるようになっています。

アメリカでもすでに消化器系の病気だけではなく、さまざまな病気に対して実施され、標準医療として認められています。特に、アメリカの場合は、高度肥満や糖尿病などが多いため、その有効性への期待が高まっています。一体、どこまで便微生物移植療法の可能性があるのか、世界中で研究が進んでいます。

テレビや雑誌、インターネットなどでは「腸内細菌叢（フローラ）を改善する○○菌」といった広告が盛んに流れています。実際、乳業メーカーや製薬会社、あるいは大学の研究室などでも、腸内細菌叢を改善する微生物の研究が盛んに行われています。その結果、よく耳にする新たな「善玉菌」が発見され、それによって腸内細菌叢が改善されて病気が良くなったというのならわかります。ところが、便微生物移植療法は「便」そのものを使うということに驚きました。

と同時に、それはありえる話だし、それで何らかの病気が治ることも不思議ではないと考えました。なぜなら、便微生物移植療法とは言いませんが、農業の分野では家畜や作物に対してすでに同じことが行われてきたからです。

近代農法は「微生物」の力を忘れてしまった

この半世紀、いわゆる近代農法は、穀類やいも類、野菜、果実などの作物を栽培するさい、病害虫対策として農薬を使い、雑草を取るために除草剤を使い、収穫量を上げるために大量の化学肥料が使われるようになっています。ときには、ホルモン剤さえも使われることがあります。

牛、豚、鶏などの畜産においては、何よりも効率よく成長させることが優先されてきました。効率よくというのは、なるべく早く大きくさせるという意味です。そうすることで飼料効率を良くすることができます。エサ代を抑えることができるからです。大規模な畜産が多くなり、その経済的な問題は決して小さくなくなっています。それだけではなく、消費熱量を増やさないために、なるべく動けないようにぎゅうぎゅう詰めで飼育する「密飼い」が行われ、成長を促進するために、病気予防という名のもとに抗生物質やホルモン剤が使われることさえあります。家畜の「密飼い」を考えたとき、現在問題になっている新型コロナウイルスの感染を予防するために、「三密を回避しよう」という呼びかけを思いださずにはいられません。実際、ここ数年、国内では「鳥インフルエンザウイルス」の蔓延が問題になっています。あまりの類似性に偶然とは思えません。

このような農業で生産された生産物を口にすることが、健康につながるのかという問題があります。そのため、意識の高い消費者は安全な食品を求め、生産者の中にもできる限り安全な食品を生産しようとする人たちも増えています。作物でいえば、無農薬、無化学肥料で栽培しようという動きです。「有機農業」、「有機農産物」という言葉を知らない人はいないでしょう。

自然農業とは何か？　化学農薬や化学肥料などの化学物質、あるいは抗生物質やホルモン剤などを使わない、もしくは可能な限り使わないことだと言えると思います。もちろん、それはそれで大事なことですが、近代農法以前の農業はそれだけではない。最大のポイントは、微生物と「共生」してきたことにあります。

化学肥料を使う代わりに、土壌に棲息する微生物によって肥沃な土をつくり、農薬を使うことよりも病害虫に強い作物を育てるために微生物の力を利用してきたのだということを教えてくれたのが韓国の自然農業の指導者、趙漢珪《チョウハンギュ》先生でした。

微生物とのつきあい方は自然農業が教えてくれる

趙漢珪先生が主催する自然農業協会の存在を知ったのは、約20年前になると思います。今考えると必然だったということになるでしょうが、先生の提唱する考え方（**表1**）に魅力を感じ、先生のまとめられた『土着微生物を活かす』（農文協）、あるいは『はじめよう！自然農業』（創森社）などを読み、先生の主催する講習会やそれを実践する生産者も訪ねました。韓国も訪ね、生産者にも会わせていただいています。講演会や講習会はあくまでも「自然農業基礎講座」など農業に関するものです。当然、参加者も熱心な農家の方ばかりです。

なぜ、農業関係者でもない私が何度も参加したのか？　無意識でしたが、どこかで先生の主張する「土着微生物」という言葉が、人間の「腸内細菌叢」に聞こえていたのかもしれません。その後、何度かお話をうかがっているうちに、これは作物や家畜の話ではない。人間の話そのものではないのか。私たちの食生活、そして健康や医療に通じる話だと確信するようになっていました。

趙先生の提唱する自然農業の最大の特徴は、地域の土壌微生物を活かすことにあります。具体的に

表１　自然農業の考え方の根本

◆土着微生物など身近なところにある地域資源の有効活用
　土着微生物、天恵緑汁、乳酸菌血清など地域にあるものを自家製でつくる。土着微生物は採取、培養して活かすが、山林・竹林などで「ハンペン」と呼ばれる白い菌の塊を見つけて調達して活かしてもよい
◆自然の摂理、メカニズムを重視し、自然との調和（三気＝水気、熱気、空気／二熱＝天熱、地熱など）を追究
◆環境と生命を守り、生産農家が誇りをもてる持続可能な農業の実践
◆栄養週期理論による肥培管理
◆有畜複合経営を推奨し、親愛の情をもっての家畜の飼養
◆省力多収、低コスト、高品質の農畜産物を生産
◆栄養価が高く、生命力あふれる安心・安全な食べ物の供給

出所：『はじめよう！ 自然農業』趙漢珪監修、姫野祐子編著（創森社）をもとに作成

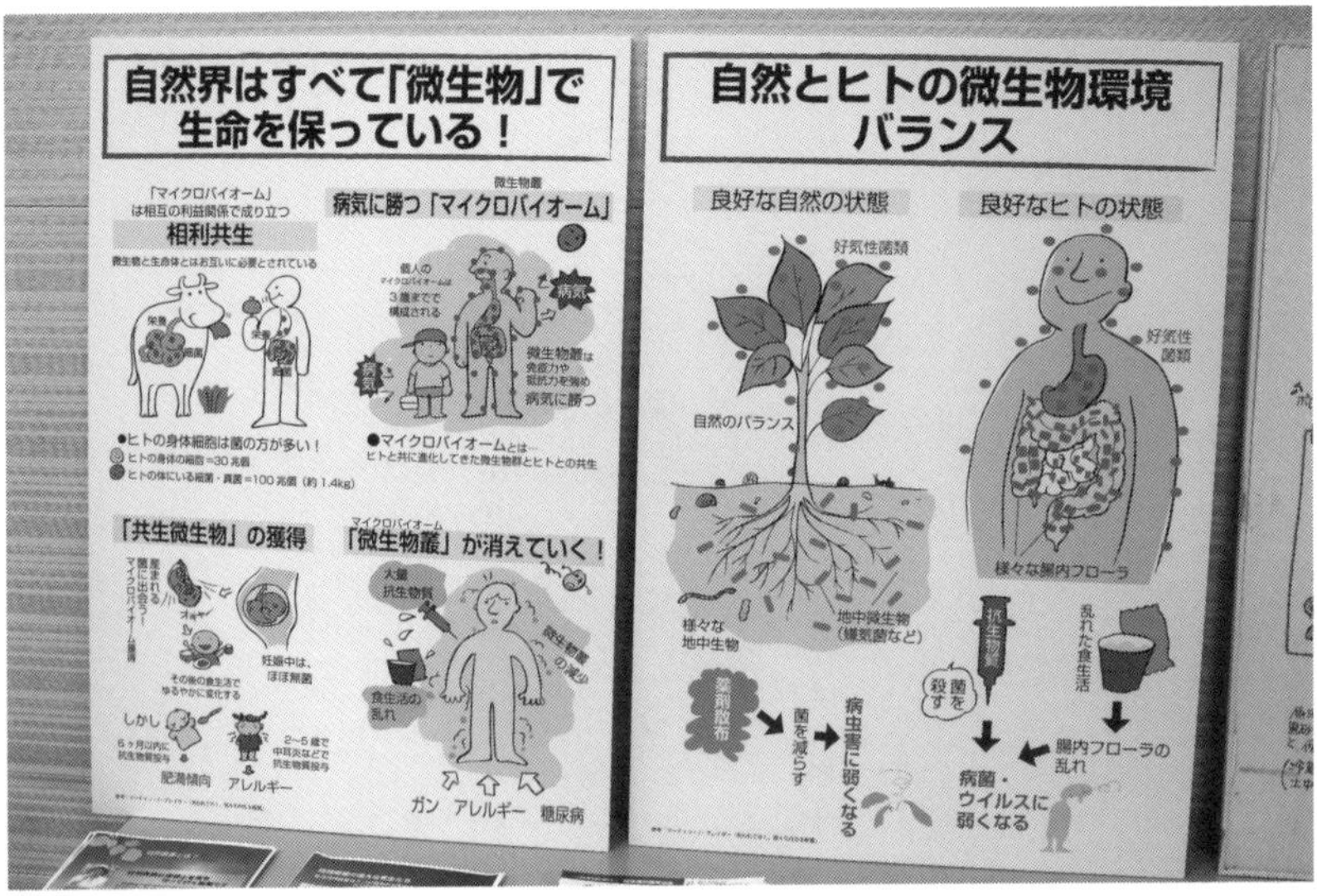

「医（食）は農に学べ」の集会で微生物の働きについての説明板（東京都新宿区市谷。2017年７月）

は、竹藪や山林の中に、ごはんの入った弁当箱などを置き、そこに棲息している微生物が繁殖するのを待ったり、竹林や山林にある白い菌を見つけて調達したりするというものです（3章で詳述）。当然、そこで繁殖する微生物は地域によって異なります。そこに手を加え微生物を増殖させて、植物の栽培や家畜に使うというものです。

そのことによって、生産性や栄養価に富み、病虫害に強い作物や家畜を育てることで実績を上げてきています。農業資材にもさまざまな微生物を使った商品がありますが、それを購入するのではなく地元に棲息する微生物を利用します。

集会で講義する趙漢珪先生

集会で展示出品の中玉トマト（出品は神奈川県川崎市の木所晴美さん）

展示出品の河内晩柑（出品は熊本県五和町の山下守さん）

土着微生物と腸内細菌叢

当然、地域には多様な微生物が棲息していることになります。同じように私たちの腸にも多様な微生物が棲息しています。土着微生物という言葉を、腸内細菌叢と言いかえることができるのではないかと考えました。

便微生物移植療法の一つの課題として、「良質な便」という問題があります。ただ健康な人の「便」を移植すればいいという話ではありません。実際、アメリカの動物実験では、肥満の人の便を動物に移植したところ、その動物が肥満してしまったという報告があります。そのため、アメリカでは「便」に価格差が生じています。良質な便は高価で取り引きされています。

一般に、健康な人の便は一日当たり100～300グラムで、成分として水分が75パーセントで残りの25パーセントが固形分。固形分のうち、腸内細菌とその死骸が3分の1、腸の粘膜がはがれたものが3分の1、残りの3分の1に繊維質などの食べ物カスが含まれているといいます。

すごい話ですが、すでに日本では江戸時代、下肥に使用するための人糞に価格差が生じていました。武家屋敷などの人糞は高額で取り引きされ、庶民が暮らす長屋で汲み取られた人糞は、安く取り引きされていました。それらを扱う問屋も存在していました。農家の人たちは糞尿の質によって農作物への影響が変わるということをわかっていたということです。

『土と内臓』（築地書館）の中で、ワシントン大学のデイビッド・モントゴメリーは次のように述べています。

――何世紀にもわたり、園芸家や農家は、足元に何が起きているのか完全にわかっていないにもかかわらず、堆肥、畜糞、有機栄養源を使って健康な植物を育て、収穫量を増やし土壌肥沃度を増やしてきた――

従来の農業は微生物の存在がわからない時代から、上手に共存してきたということができます。

腸内細菌の研究では動物実験も行われています。先に紹介したように最近の畜産は、健康な動物を育てることよりも、効率化ばかりが優先される傾向があります。しかし、それまでの畜産の長い歴史は、その動物が病気にならないで育つこと、あるいは多産であることを目的に飼育してきたはずです。例えば、豚は野生のイノシシを家畜化することから始まっていますが、ヨルダン渓谷で紀元前６０００年の遺跡から豚の骨が出土しています。

日本でも新石器時代の遺跡から骨が見つかっていますが、野生のイノシシのものか、家畜化されていたのかはっきりとわからないといいます。明らかなことは、西暦６００年代の『日本書紀』に、大陸から渡来した人の家でイノシシ（豚）が飼育されているという記述があることです。いずれにしても、途方もない年月、豚の家畜の歴史があり、健康に育つための知恵が伝わってきています。当然、そこには無意識に微生物との共生関係が考えられてきたはずです。ある意味、農業の世界では十分過ぎるほどの動物実験が行われてきたということができるでしょう。

趙漢珪先生の提唱する自然農業は、従来の農業よりも積極的に土着微生物を意識し、利用することに特徴があります。

腸内細菌の健康に与える影響の大きさが認識されつつある時代。そこから学べることがたくさんあるのではないか。そのことを農業関係者だけではなく、医療関係者や健康と食生活に関わる仕事をする人たち、一般消費者など多くの人たちに知っていただきたいと考えました。

そのことが、腸内細菌叢を豊かにし、ひいては免疫力を高めるための食生活を考えるための大きなヒントになると考えています。

1 章

私たちは腸内細菌とともに生きている

幕内 秀夫

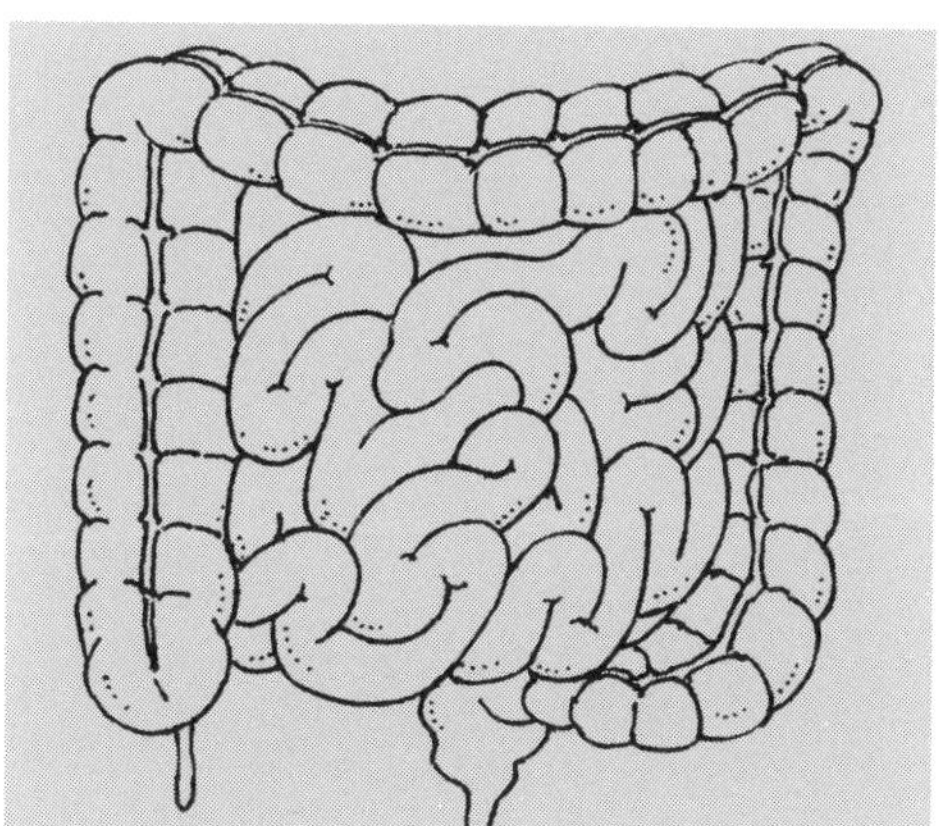

近代医学は微生物との闘いの歴史

ノーベル医学・生理学賞を受賞したロシアの動物学者、イリア・メチニコフ（１８４５〜１９１６年）の『不老長寿学説』に出会ったのは40年ほど前の１９８０年頃になります。メチニコフは老化の研究から、「大腸内の細菌がつくり出す腐敗物質こそが老化の原因であり、大腸に棲む微生物を変えれば寿命を伸ばせる」と提唱します。

メチニコフはブルガリアには１００歳を超える人が多く、そこではヨーグルトとケフィアが食卓に欠かせないことを知ります。有言実行、メチニコフは71歳で亡くなるまでケフィア（主に乳酸菌と酵母によってつくられる乳酸飲料）を飲み続けます。当時、71歳というのはかなりの長寿でした。そのことが、世界中にヨーグルトブームを巻き起こすきっかけになります。しかし、その後、ヨーグルトに含まれる乳酸菌などをとっても腸内で繁殖しないで通過してしまうことがわかります。

また、当時はマラリア、結核、コレラ、ペストなど病原微生物が原因の感染症の時代でした。メチニコフが亡くなった約10年後には、アレクサンダー・フレミングがアオカビから見つけたペニシリンを発見します。世界初の抗生物質の誕生です。20世紀で最も偉大な発見、「奇跡の薬」と呼ばれます。続いてストレプトマイシンなど次々と抗生物質が登場し、大きな成果を上げることになります。近代医学の発達は、病原微生物との闘いの歴史であったといわれるのも当然の時代でした。それは決して過去の話ではなく今も続いていることを、新型コロナイウイルスが改めて教えてくれています。

まさに、見えない微生物（細菌・ウイルスなど）は闘う存在であり、私たち人間と共生してきた微生物の研究はあまり進まなかったといってもいいでしょう。実際、メチニコフの説に出会い、腸内細菌に関心を持っても、私たち専門外の人間が読める書籍はほとんどありませんでした。『腸内細菌の話』（光岡知足著・岩波新書・１９７８年刊）くらいだったように思います。

その後、肥満や糖尿病などの生活習慣病、あるいはアレルギー疾患など従来の医療では治りにくい慢性疾患の増加に伴い、ふたたび腸内細菌の重要性が見直されるようになってきます。そんなとき耳にしたのが「便微生物移植療法」だったのです。健康な人の便を生理食塩水で溶かし、フィルターでろ過し、内視鏡などで腸に入れるという極めてシンプルなものです。これを耳にした瞬間、これは大変なことが始まったと直感しました。

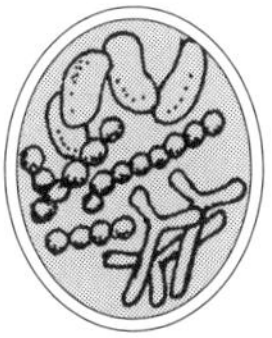

腸内細菌叢は一つの「臓器」

健康問題を考えるうえで、腸内細菌叢（フローラ）の影響は極めて大きいと考えていましたが、そのことをはっきり教えてくれたのが、アメリカの腸内細菌研究の第一人者、ニューヨーク大学のマーティン・J・ブレイザーの『失われてゆく、我々の内なる細菌』（みすず書房）でした。

私たちの体は約30兆の細胞からできています。一方、私たちの体に棲息している細菌（真菌など）は約100兆にも及び、その重量は一人当たり約1・2～1・5キログラム、脳の重量に匹敵します。その中でも、口腔から始まる腸管に最も集中しています（**図1―1**）。そこに棲息する細菌を腸内細菌叢と呼び、民族や個人差があり、その菌の種類は数千種、あるいは数万種にも及ぶという研究者もいます。大まかに言えば、乳幼児は少なく、成長するとともに増え、高齢になると減ってきます。

多くの研究者は、腸内細菌叢は人体における「一つの臓器」だと述べています。これほどの大きな臓器であるにもかかわらず、私たちはその臓器の存在に気づかずに医療や健康、食生活の問題を考えてきたことがさまざまな問題につながっていると指摘します。

しかも、私たちの腸内に常在する細菌叢はほぼ3歳から5歳くらいまでに決まるといいます。母親の胎内にいるときはほぼ無菌状態ですが、出産するさい、産道を通ることで感染します。感染といっても悪い意味ではありません。その後、母親の皮膚、あるいはキスをすることなどで口腔感染することになります。多くの動物がそうであるように、かつて人間も母親は出産後、新生児をなめていたといいます。動物の専門家に聞くと、母親が新生児をなめるのは、羊水などのにおいにより、他の動物に狙われないようにするため、あるいは羊水で濡れていると急激に体温が低下してしまうため、それを防ぐためだといいます。それもあるのでしょうが、やはり母体から感染させることの意味が大きいようです。

その営みは、初期の哺乳動物の頃から何千万年にもわたって繰り返されてきたものです。乳幼児期に

図１－１　細菌は腸管に集中し、腸内細菌叢を形成

小腸から大腸の粘膜には数千種、数万種に及ぶ腸内細菌（乳酸菌など）が棲みつき、腸内細菌叢を形成

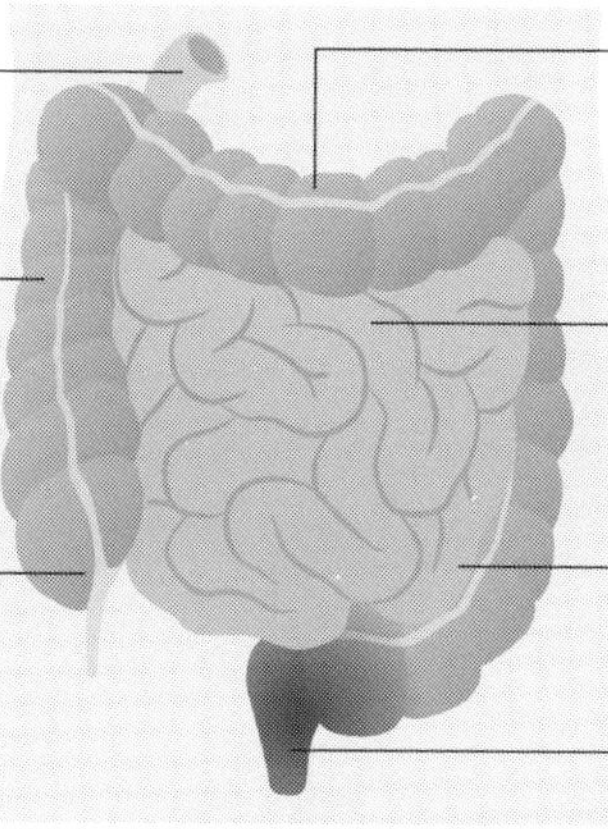

小腸（十二指腸、空腸、回腸）は下腹部の腸腔内に収まっており、大腸（横行結腸など）は小腸をコの字型に取り囲むように走行しており、肛門で終わる

獲得した細菌叢は、小児期、青年期、老年期にわたって安定しているといいます。ただし、それを何かが阻害しない限り……。

まさに、『失われてゆく、我々の内なる細菌』というタイトルの意味はそこにあります。一つは、帝王切開が増えて、経膣出産が減って母体から細菌が受け継がれなくなっていること。ただし、帝王切開をしたとしても、腸内細菌叢ができないわけではありません。その影響は決して小さくないと思いますが、具体的にどのような影響があるのか、まだはっきりとはわかっていないようです。

もう一つが、抗生物質の乱用にあると指摘します。序章で紹介した偽膜性腸炎などはまさにその典型ですが、抗生物質の服用によって常在菌が死滅、あるいは攪乱されることによって、多様性が少なくなりクロストリジウム・ディフィシルが増殖することによって起こる腸炎です。その他、ＭＲＳＡ（メ

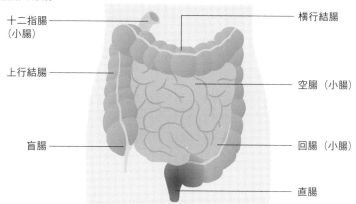

チシリン耐性黄色ブドウ球菌）などさまざまな耐性菌の問題が起きています。

耐性菌の問題は、生死に関わることが多いわけですが、腸内細菌叢の乱れの問題は、肥満や糖尿病などさまざまな問題につながっている可能性が指摘されるようになっています。

腸内細菌叢の大いなる可能性

腸内細菌叢は脳に匹敵する重量がありながら、あまり関心が持たれなかった最大の理由は病原微生物との闘いが大事だったことにあります。そして、病原微生物との闘いは、原因となる細菌やウイルスを見つけるところから始まっています。今、私たちが苦しんでいる新型コロナウイルスなどは何度もテレビなどで画像を目にするようになっています。それを見つけることで、抗生物質やワクチンが開発されてきました。その手法は今でも有効であり、これからも必要なことでしょう。

ところが、私たちの腸内に棲息する細菌のほとんどは嫌気性と呼ばれ、酸素がある環境では育たないのです。人間の体の外では生きられないという意味です。そのため、膨大な腸内細菌が棲息しているにもかかわらず、その全体像がつかめませんでした。関心があっても研究には限界があったのです。

それが変わってきたのは、１９９０年代、細菌の遺伝子を解析することで菌の種類を見分けることができるようになってからです。２０００年代後半になると、その技術は格段と進歩します。２００３年には世界的プロジェクトとして進められてきた「ヒトゲノム計画」が終わり、遺伝子解析を専門とする科学者が腸内細菌叢の研究に関わるようになり、格段の進歩をすることになります。現在問題になっている新型コロナウイルスはどこから来たのか？　どうやら、中国経由のものと欧米経由のものがあるというニュースが流れていますが、そこまで技術が進歩してきています。

そのことで腸内細菌叢に対する研究が進み、世界中から関心が集まっています。最新技術による研究は、まだ20年足らずですが、すでにさまざまなことがわかってきています。

例えば、以前から世界の栄養学者はパプアニューギニアの高地に生活する人たちの食生活に注目してきました。そこに生活している人たちが口にするものの8割から9割がいも類で、肉や魚介類、牛乳、乳製品などの動物性食品が極めて少ない食生活をしています。タンパク質の摂取が少ないにもかかわらず、筋骨隆々とした体をしていることへの疑問でした。

腸内細菌の研究によって、何とそこに生活する人たちの腸内には空気中の窒素を利用できる細菌がいることがわかりました。細菌が空気中の窒素からタンパク質をつくり出していることがわかったのです。大豆などの豆類には根に小さなこぶがあります。そこには根粒菌と呼ばれるバクテリアが棲息しています。そのバクテリアが空気中の窒素を利用していることがわかっていましたが、人間でもそれが行われていたことがわかったのです。いや、人間一般ではなく、パプアニューギニアの高地に生活する人たちには、という話です。

欧米の人たちから見て、日本人の食生活の中で奇妙な食べ物として海苔をあげる人が少なくありません。真っ黒な紙を食べているように見えるのでしょうか。実際、日本人は世界でもまれな、海藻をよく食べる民族です。そして、すでに私たちの腸内には海藻を利用できる細菌が見つかっています。これは日本人に特有な細菌だといいます。

腸内細菌叢は、民族ごとというべきでしょうか、国ごとにかなりの違いがあることがわかっています。今や、腸内細菌叢の構成を調べれば、どこの国の人かわかるようになってきています。

人間と腸内細菌は「共進化」してきた

オーストラリアに生息するコアラはユーカリの葉を主食にしています。ただし、ユーカリは毒性の物質を含んでいるため、他の動物は食べません。なぜ、コアラは食べられるのでしょうか。コアラは比較的乾燥したコロコロの便を排出します。ところが出産直後の母親は「パップ」と呼ばれる緑色のドロドロした便を排出します。赤ちゃんのコアラはそれを離乳食として食べます。また赤ちゃんのコアラは母親の腔門をよくなめるといいます。その緑色の便には、たくさんの腸内細菌が含まれ、その中の「ロンピネラ菌」はユーカリの毒物を分解していることがわかっています。あたかも、人間が最近になって始めた便微生物移植そのものです。

牛をはじめとした反芻動物は、私たちが栄養源として利用できない草を食べ、これをエネルギー源として効率よく利用することにより、ミルクや肉などタンパク質を多く含む食料を生産しています。牛の場合は、胃が四つもあり、そこにはさまざまな細菌が棲息して、その細菌が草を発酵させてエネルギーに変えてくれています。そのようにして、私たちが利用できない草を食べて生きています。

コアラや牛のような草食動物も病気になった場合は、抗生物質を使うことがありますが、非常に神経を使うといいます。間違うと腸内に棲息する細菌を殺してしまい、十分に栄養源を得ることができなくなって死んでしまう可能性があるからです。

草食動物の牛だから、草をエネルギー源として利用できるわけではありません。腸内に棲息する細菌がいるから可能だということです。

ジャイアントパンダは鋭い歯を持ち、消化器官も典型的な肉食動物のものです。そのことから、昔は肉食だったと考えられています。竹や笹などの繊維を消化する酵素がないこともわかっています。ところが、人間を含めた動物に生存域を高地に追いやられ、食べるための動物が手に入らなくなり、竹や笹を食べはじめたと考えられています。最近、そのパンダの腸内細菌が解析され「セルロース」という植物の繊維を分解できる細菌がたくさんいることがわかっています。パンダが竹や笹を食べはじめたのは、700万年前くらいになるといわれています。途方もない年月をかけて、腸内に細菌を獲得してきたということになります。

これは、コアラや牛、パンダなどの動物だけの話ではありません。家屋の柱などを食い荒らしてしまう白アリなども、腸内細菌が木材のセルロースを分解することでエネルギー源にしています。

地球上のあらゆる生き物が、腸内細菌とともに進化し、特有の栄養摂取の方法を成立させてきました。このような仕組みを「共進化」と呼びます。パンダがそうであるように、途方もない年月をかけて、互いに助け合うことを可能にしてきたのです。

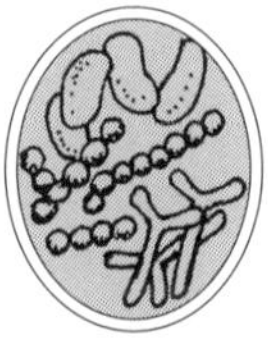

腸内細菌叢は多様性が大事

かつて腸内細菌叢には「善玉菌」と「悪玉菌」がいるという話を耳にすることがありました。いや、今でも耳にすることがありますが、最新の研究では疑問視されるようになっています。

なぜなのか？　次のように考えることができると思っています。少し前まで、私たちは星空を肉眼で眺めていました。地理的、あるいは気象条件で異なるようですが、日本からは３０００から４０００くらいの星が見えるようです。その中から、「この星が一番きれいだ」といっていました。ところが天体望遠鏡が登場して、レンズを眺めたら、途方もない数の星が見えて、どれが一番きれいかどころではない。無数に見えて、私たちはわずかの星しか見ていなかったことに気づきます。

私たちの腸内には、数千から数万種の細菌が棲みついていることがわかってきました（**図１―２**）。それにもかかわらず、わずかの細菌を取り出して「善玉」、「悪玉」とレッテルを貼ってきたようなものだといってもいいでしょう。どう考えても、無理があると考えるべきでしょう。

図1－2　腸内では膨大な種類、量の細菌が棲息

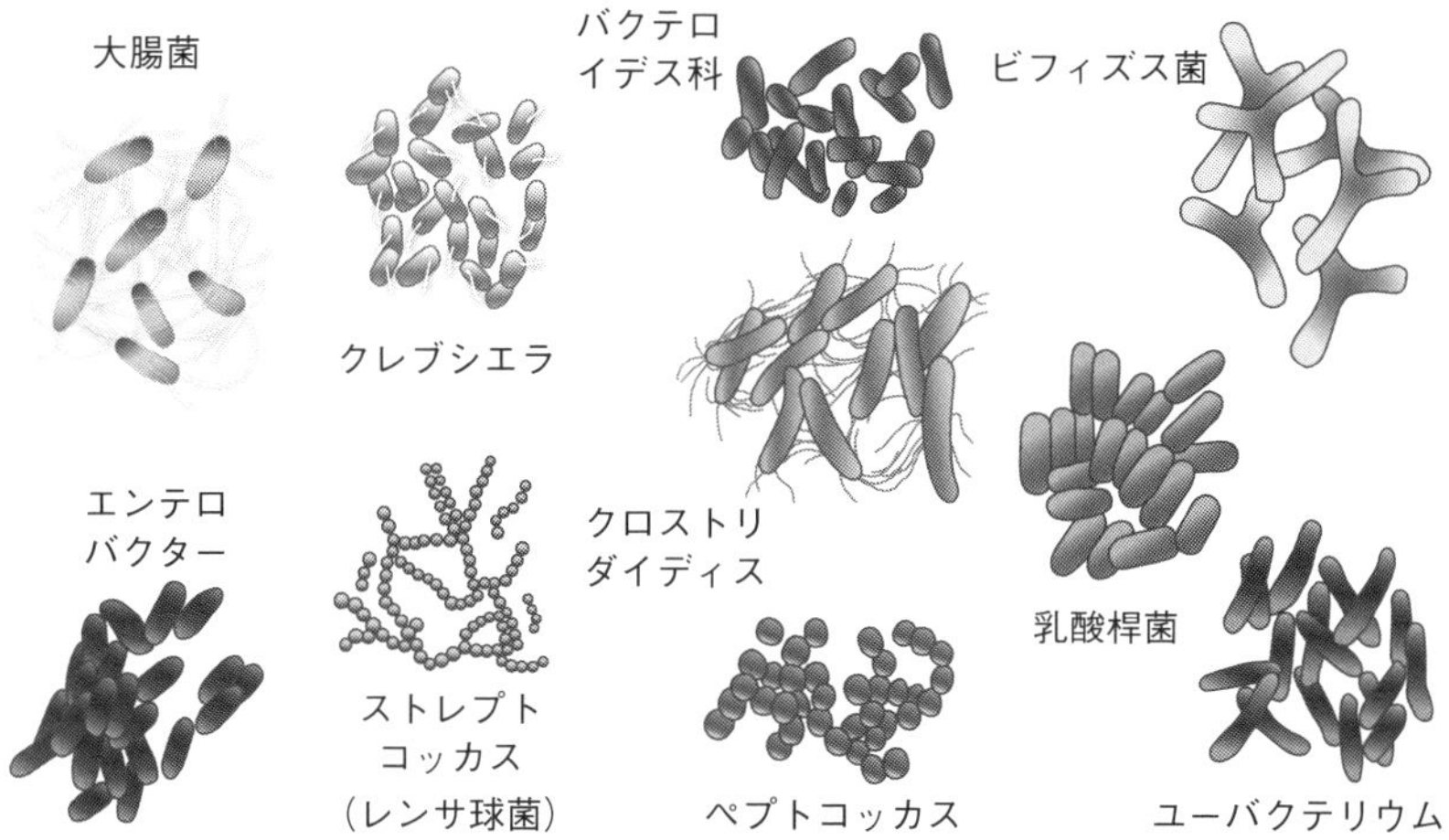

出所：『ぜんぶわかる消化器の事典』中島淳監修（成美堂出版）をもとに作成

もし、善玉、悪玉とはっきり区分けができるなら、便微生物移植療法などやる必要がないでしょう。腸に善玉菌を移植すればいいだけの話です。医療者だって、においのある茶色の液体を扱うよりよほどそのほうがいいでしょう。便そのものを移植するということは、便に棲息する多様な細菌を植えつけるということです。その中の一つだけを取り出したら、必ずしもいい細菌とは思えないものもいるのかもしれません。それもひっくるめて移植して成果を上げています。

便微生物移植療法というのを耳にしたとき、面白いと考えたのは、趙漢珪《チョウハンギュ》先生の指導する自然農業を知っていたからです。農業分野にも、農業資材としてさまざまな微生物が扱われ、販売されています。中には、私のような部外者でも耳にした○○菌が話題になったことがあります。農業に革命を起こすかのような話もありました。しかも、それは作物だけ

ではなく人間の医療にも利用できるという話になったことさえあります。今や覚えている人も少なくなっているのではないでしょうか。

詳細は3章に譲りますが、趙先生の指導する農業では、○○菌を使うのではなく、土壌から多様な微生物を取り出し利用することに特徴があります。「土壌」という言葉を「便」という言葉に置き換えることができるのではないかと考えました。しかも、趙先生は、「地元で採集した多様な菌だから強い」といいます。強いというのは病害虫などに対してのことです。

実際、最近の研究ではこのようなこともわかってきています。胃潰瘍や胃がんの原因としてピロリ菌の話を耳にすることが多いと思います。実際、年をとればピロリ菌は胃潰瘍や胃がんのリスクを上げることは間違いないようです。一方でピロリ菌は胃食道逆流症を抑制し、結果として食道がんの発症を予防することもわかってきています。ただ、胃潰瘍や胃がんの予防のためにピロリ菌を除去することがいいことなのか疑問を呈する医療者や研究者もいます。ピロリ菌は、人間に病気を引き起こしながら、同時に私たちを健康にしていることがわかってきました。

遺伝子解析によって、腸内細菌叢の研究はどんどん進んできています。しかし、私たちの腸内には星の数ほどの細菌が棲息しています。そして、ピロリ菌のような例もあります。まだまだわからないことが多いと考えるのが妥当でしょう。むしろ、土着微生物を活かした自然農業や便微生物移植療法などは、その多様性が大事だと教えてくれているように思います。実際、病気や高齢になると細菌の多様性が少なくなってくることがわかってきています。

安定している腸内細菌叢

腸は、食べ物だけではなく、それと一緒に病原菌やウイルスなどが常に入り込んでくる危険な場所でもあります。体内で最も密接に外界と接する臓器ということができます。だからなのでしょう。腸には病原菌やウイルスなどの外敵を撃退してくれる免疫細胞が、全身の6割から7割も集まっています。また、免疫細胞は外界からのウイルスなどを撃退するだけではなく、がん細胞を死滅させるなどさまざまな働きをしています。もし、免疫システムがなかったら、私たちはすぐに何らかの病気にかかってしまうでしょう。新型コロナウイルスの感染が問題になってからマスクの重要性が指摘されるようになったのもそのことがあります。

それだけ大事な働きをしているからでしょう。腸内細菌は腸の表面を覆う約0・1ミリの粘膜層の中に棲息しています。その粘膜層は粘りがあるため、飲食物が入ってきても簡単に流れてしまうことはありません。そして、常在している細菌叢は自分たちの縄張りを守ろうとします。仮に、病原性のある細菌やウイルスでなくても容易に仲間にしようとしません。受け入れるとしてもわずかで、粘膜層に入れてもいい細菌と入れてはいけない細菌を分別していることもわかってきています。そのことで、腸内細菌叢は非常に安定しています。

図1－3　腸内細菌叢の乱れが関連する主な病気

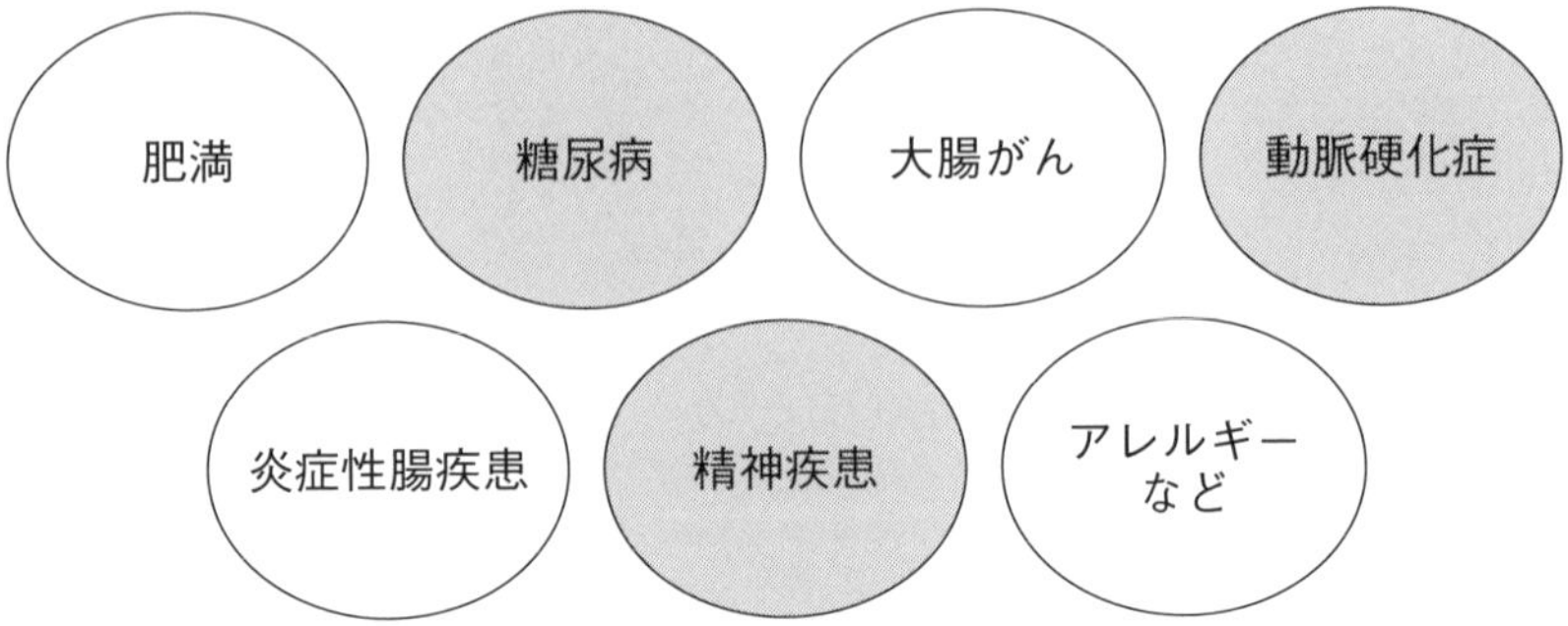

医療現場での利活用や可能性

便移植……………………………健康な人の便を加工し、患者に移植する
（順天堂大学、香川大学など）

腸内細菌のデータベース化……生活習慣病の個別の予防法開発につながる可能性
（国立研究開発法人医薬基盤・健康・栄養研究所など）

腸内細菌叢の乱れがさまざまな病気の原因（**図1－3**）になっていることが指摘されるようになって、世界中で便微生物移植療法が行われるようになっています。乱れた細菌叢を、良質な便を移植して細菌叢を変えようとする試みです。まだ、始まって10年ほどしか経っていませんが、いろいろなことがわかってきました。

日本の順天堂大学病院の論文がアメリカの医学雑誌に掲載されたことがあります。「世界初　潰瘍性大腸炎に対する抗生剤併用便移植療法の有効性を確認」というものです。簡単にいえば、潰瘍性大腸炎の患者さんにいったん抗生剤を投与し、その後に便移植療法を行った結果、有効率が82・4パーセントだったというものです。つまり、すでに棲みついている腸内細菌叢が残っている状態で移植しても、常在している細菌の抵抗があってうまく移植することが難しい。したがって、棲みついている細菌叢を抗生剤で殺菌、滅菌してしまい、「白紙」というべきでしょうか、弱らせた状態にして移植したら有効性が上がったという解釈でいいように思います。

先に紹介した偽膜性腸炎の場合も、抗生物質の使用によって、細菌叢のバランスが崩れ、クロストリジウム・ディフィシルなどの細菌が異常に増殖することによって起こる炎症で苦しんでいる人たちに、移植したら成果が上がったという話でした。やはり抗生物質によって、細菌叢が弱っているか、白紙に近い患者さんだったということでしょう。

これらの例から、抗生物質のような強い薬を使わなければ簡単に変わることは難しいということがわかると思います。抗生剤の使用は慎重であるべきだという指摘が増えているのも理解できることです。それほどまでに腸内細菌叢は安定しているということです。もっとも、まれな暴飲暴食をしたくらいで簡単に変わってしまったら、私たちは生きていけないでしょう。そのことは、腸内細菌叢と食生活を考えるとき、非常に大きな意味を持つことになります。

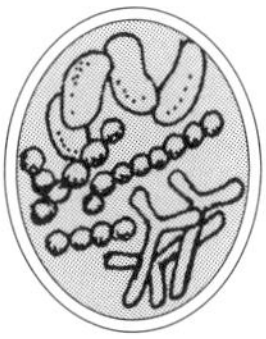

農業の経験知から学べることは多い

いずれにしても、腸内細菌叢が私たちの健康を考えるうえで非常に大きな意味があることがわかってきました。そして、遺伝子解析などの技術によって、どんな細菌が棲息しているのかどんどんわかってきています。ただし、まだまだ星空を肉眼で見ていたのが、双眼鏡で見始めたというところでしょう。仮に星の数ほどある細菌がわかり、それぞれの細菌の個性や働きがわかるようになったとしても、数千、数万の細菌同士の拮抗、共生関係などを知ることはほとんど不可能でしょう。

オオカミを単独で見ていたときは、怖い害獣動物だと考えていても、いざ絶滅してしまったら天敵がいなくなったため鹿が増えて、森の緑が食い荒らされ、そのことで土砂崩れなどにつながっている例が増えているといいます。人間が自分の都合だけで害獣と烙印を押したオオカミも、森全体の生態系を考えたとき、必ずしも害獣とは限らないと指摘する人たちは少なくありません。実際にオオカミを復活させる運動を行っている人たちもいます。オオカミを単独で見て、良し悪しの判断をすることの難しさを教えられます。

かつて、いや、今もかもしれません。歯科医院で、お母さんが赤ちゃんに口移しで食べさせることをやめさせる指導をしていた時期があります。お母さんが使っている食器や箸などは熱湯で消毒して使うことを指導していたこともあります。母親の口の中にいるむし歯菌が感染しないためです。食事をするのに消毒までする必要があるのか？　それではまるで母親はばい菌のようではないか？　難しい理屈を抜きにしてその不自然さに違和感を持ったことがあります。

先に述べたように、口移しやキスなどは腸内細菌を感染させる大事な行為だとわかってきました。おそらく、これからもっと腸内細菌の研究が進んだとき、大きな訂正を迫られることになるでしょう。もっとも、このことは他の分野からも疑問が投げかけられています。それは子どもの心の成長にとって、母親との肌のふれあい、スキンシップが非常に大事だということがわかってきたからです。そのため、最近は「母乳が大事」なのではなく、「授乳が大事」という人たちが増えています。

いずれにしても、歯とむし歯の原因になる菌だけの関係を見ているから誤ってしまったといえるでしょう。もし、多くの動物の母親が赤ちゃんをなめていることに目が向いていたら、このような間違った指導にはならなかったように思えてなりません。

私たちの体には数千から数万種の細菌が棲みつき、その量は１００兆個になるといいます。しかし、土の中にはそれをはるかに上回る微生物が棲息しています。これもまた、わかっていることはわずかのようです。それでも顕微鏡のない時代から農業は続けられ、今も続けられています。人間に対する便微生物移植は、始まってわずか10年ほどでしかありません。でも農業の世界では、はるか昔から微生物を利用した堆肥づくりが行われてきました。日本でははるか昔から、質の「良い便」と「良くない便」があることに気づき、肥料に使われてきました。長い間の経験が元になっているのでしょう。

私たちの体と腸内細菌叢の関係を考えるとき、それらの「経験知」から学ばなければいけないことがたくさんあるのではないでしょうか。

2 章

食物繊維の大切さがわかってきている

幕内 秀夫

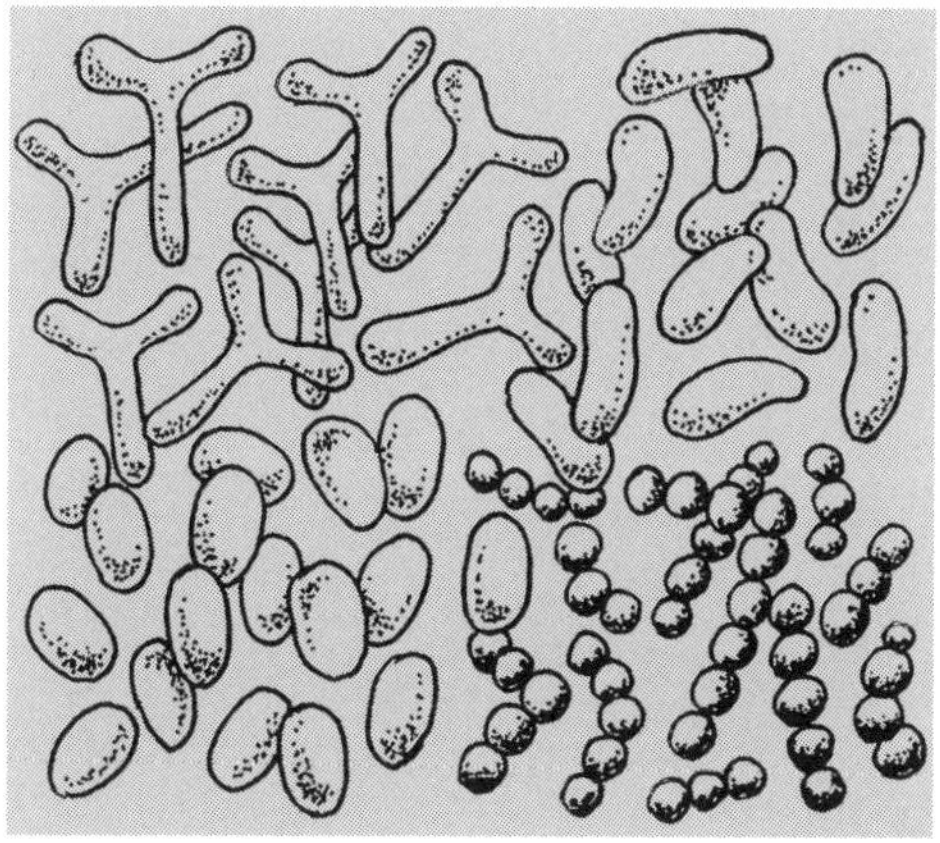

見直される乳酸菌信仰

新型コロナウイルスの問題が起きてから、感染を防ぐために、マスクや手洗い、うがい、あるいは人との接触を避けることの大切さが強調されるようになっています。ただし、社会生活を送っている以上、仕事や学校などで外出しなければならないこともあります。スーパーマーケットやコンビニエンスストアに買い物にも行かざるをえません。ウイルスは見えないし、感染している人を見分けることもできません。感染を避けるにも限界はあります。見えないウイルスを避けることの難しさを実感するようになっています。

だとしたら、どうすればいいのか？　そこで「免疫力をつけよう」、「免疫力をつけて感染を防ごう」という言葉が耳に届くことが多くなっています。その免疫細胞の6割から7割近くが腸に集中しているのですから、「腸活」、「腸内細菌叢（フローラ）を改善して新型コロナウイルスに勝とう」という活字を目にすることも多くなっています。そのため、食生活にも注目が集まっています。「腸内フローラを改善するための食品」、「免疫力アップのための食事」などです。

当然、腸内細菌は微生物ですから、同じように微生物を使った発酵食品が紹介されることが多くなっています。これまでだったら、テレビ、新聞、雑誌、インターネットなどには大手の乳業メーカーが扱うものが紹介されるのが普通でした。「インフルエンザに感染しにくい」などとコマーシャルするメーカーもありました。A社は「ビフィズス菌」、B社は「アシドフィルス菌」、C社は「ブルガリス菌」、D社は「カゼイ菌」などなど、それぞれのメーカーが自社で扱う乳酸菌でつくられたヨーグルトや乳酸菌飲料の優秀さを競ってきました。これは「菌」の競い合いではなく、「金＝マネー」の話だと指摘する人もいます。

ただし、新型コロナウイルスは生死に関わる問題です。「それだったら新型コロナウイルスにも効果があるのか」、「本当に免疫力が上がるのか？」といった声が多くなったのでしょう。スーパーやコンビニの売り場を見ると「腸を整える」、「腸内細菌叢（フローラ）の改善」などという宣伝文句はほとんど見なくなってしまいました。せいぜい、「腸まで届く」になっています。届いた先がどうなるのか（!?）は何も書かれていません。すごいのになると「胃に届く」となり、腸がいつの間にか胃になってしまったものさえあります。

腸に届いても数日以内には排出されてしまうことがわかっています。腸内に届いても増殖しないから「毎日食べよう」というコマーシャルになっています。毎日、大量に食べれば多少は腸内環境も変わるかもしれませんが、乳酸菌飲料などの場合は、かなりの砂糖を使っているので、それを「毎日摂ることがいいことなのか？」という疑問も出てきます。むし歯や肥満、糖尿病などの心配をしなければならなくなります。

最近は「生きた乳酸菌、死んだ菌に関わりなく、菌の体の成分、菌体成分をとるだけでも意味がある」という主張も登場しています。それは大いにありえるでしょう。味噌汁などはその典型だと思います。火を通してしまい、細菌類が死んでしまったとしても飲む意味がなくなるわけではありません。しかし、「善玉の生きた乳酸菌をとることで腸内細菌叢を改善して健康に」と言っていたことを考えると、随分、変節してしまったといわざるをえません。

何らかの乳酸菌をとることに意味がないと言いたいわけではありません。数千とも数万とも言われる腸内細菌の数種類の乳酸菌だけを取り出して、腸内細菌叢やその健康に与える影響を論じること自体に無理があるのではないかということです。

腸内細菌は増やすもの

私はぬか漬けをつくっています。上手に漬かると乳酸菌が繁殖してぬか床に酸味が増して、腐敗菌の増殖を抑えてくれるだけではなく、特有の風味が出て抜群にうまくなります。

そのさい、酸味が増すので乳酸菌の働きばかりに目が行きがちですが、さまざまな細菌や酵母などが働いているのだろうと思います。「乳酸菌製剤」というものも販売されていますが、それで漬けても、たぶんぬか漬けのような特有の風味、うまさは出ないのではないかと考えています。ぬか漬けのうまさは、数百種、あるいは数千種の細菌や酵母が微妙に働くことによるものなのだと思います。

ダイコン、キュウリ、ニンジンなどのぬか漬け。乳酸菌が繁殖し、うま味が増す

材料は、ぬか、水、塩、鷹の爪だけです。まれに昆布を入れることがあるくらいです。面白いのは「乳酸菌」などというものは入れていないということです。日本にはたくさんの漬け物がありますが、○○菌を使ったものなどほとんどないでしょう。私の漬けているぬか漬けは、漬けた野菜なのでしょうか、容器に付着したものなのか、空気中に浮遊しているのか、あるいは私の手に着いている微生物なのか。それらがぬか床の中で増殖しているのでしょう。私は、ただ、細菌など意識しないで、おいしく漬かってくれるための条件を整えているだけです。

実際、細菌の種類や栄養、温度などの条件で異なりますが、おおよそ20分で倍に増えます。倍々と増えるので、1時間で8倍、2時間で64倍、一日ではなんと1000億の100億倍という途方もない数になります。もはや、私たちが日常に使う数字では表現することはできません。まさに天文学的な数になります。

夏場になると海水浴に持っていったおにぎりで食中毒の事故が起こることがあります。朝、おにぎりをつくるのに手を消毒する人はめったにいないと思います。多少雑菌のついた手でつくったおにぎりを食べても何でもありません。ところが、温かい中、海水浴場に移動する間に細菌が増殖してしまい食中毒になっているわけですが、朝から数時間しか経っていません。細菌は、条件によっては短時間で膨大に増殖してしまうことを教えてくれています。

私たちの体に棲息する腸内細菌叢と食べ物の関係を考えるさい、食べ物から乳酸菌などの細菌をとるかという話が多いのは、さまざまなビジネスにつながるからでしかありません。それよりも、私たちの体にとって有用な細菌が繁殖するための条件を整えるための食事をすることが大事だということがわかると思います。

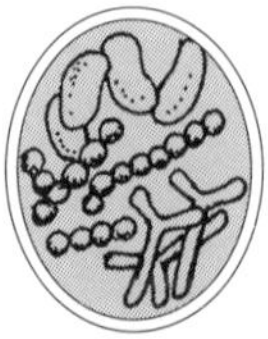

何よりも「消化」が優先されてきた

明治時代の新聞に以下の記事があります。

「野菜は必ず煮て食べよ、海藻や塩魚は不消化だからいけない。味噌汁、納豆、漬け物などは腐りかけたものだから食うべからず」（東京日日新聞・明治7年）

すごい内容ですが、当時はそれほど驚く記事ではなかったかもしれません。半世紀前、私（1953年生まれ）が子どもの頃も、ここまで極端ではありませんが似たようなものでした。食品の良し悪しを判断する物差しは何をおいても「消化」でした。

何かといえば、「消化のいいものを食べなさい」が常識でした。本当は消化だけではなく、「消化吸収のいい食品」を食べなさいという意味だったはずです。私たちが食事をする最大の目的は、熱量（カロリー）をとることです。ビタミンやミネラルがどうのこうのという前に、空腹を満たさなければ生きられません。そのためには食べたものが消化、吸収されなければ熱量になりませんから、決して間違った話ではありません。

私が栄養学科の学生時代だった約40数年前も、盛んに「消化率」の勉強をしました。○○食品の消化率は○○パーセントと計算されたものを覚えさせられたものです。結果、「消化の良い食品」、「消化の悪い食品」という言葉が使われていました。

本当は「消化率の高い食品」、あるいは「消化率の低い食品」と呼ぶべきだったのでしょう。それを「良し悪し」としてしまったことに問題があったと思います。その後、「玄米白米論争」などもありました。玄米がいいのか白米がいいのかという議論が行われたことがあります。当時の新聞に以下の記事が紹介されていました。

「……かつて、国立栄養研究所は栄養学校の生徒を被験者に、一年間にわたって玄米食の実験をしたが、その結果、玄米食を食べたときの排泄量は、副食は同じでも、白米食を食べた場合の二倍も多かったという。この事実は、とりも直さず玄米食の消化吸収の悪さを証明している。現在ではビタミンB_1も安価で合成し得るし、強化米も出回っている。栄養学の観点からすれば、とくに、玄米食にとるべきところはない」(『毎日新聞』)

その後、現代の食生活の問題点として、便の排泄量が少なくなっていることが指摘されるようになります。むしろ、この栄養学校の生徒への実験は、玄米の利点を証明したものだということができるでしょう。でも、長い間、栄養教育は「消化」という物差しだけで食生活を考えてきたために間違いを犯してしまったのです。今でも、「玄米は消化が悪いんですよね」という方がいます。まだまだ後遺症は残っています。

食物繊維の大切さが注目される

ただし、私たちが食べたものはすべて消化吸収されるわけではありません。例えば、前記の新聞記事にあるように、海藻などはほとんど消化されないと考えられてきました。漬け物やこんにゃく、ゴボウなども決して消化率が高くありません。総じて言えば、古くから日本で食べられてきた食品は消化率が低いものが多い傾向があります。大学、短期大学、専門学校などで行われている栄養教育は明治時代にドイツから導入されたものです。

昭和の時代になっても「タンパク質が足りないよ」、「日本人はカルシウムが不足している」などという言葉が登場したのも、確たる根拠があったわけではありません。すべては、肉や牛乳、乳製品の摂取が多い欧米に比べて少ないことを「足りない」、「不足している」といっているに過ぎませんでした。欧米の食生活を理想とした教育が行われてきたのですから、古くから日本に伝わってきた消化率の低い食品を「消化が悪い」としても違和感を持たれない時代背景でもあったのです。

そのため、消化率の低い食品は、「食べても役に立たない」、単なる「カス」だという教育が行われてきました。「こんにゃくなどは糞の役にも立たない」などという言葉までありました。その後、こんにゃくは糞の役に立っていることがわかるのですが。

ただし、本当にそうだろうかという疑問が登場してきました。すでに、古代ギリシア時代の名医、「医学の父」と呼ばれたヒポクラテスは、「パンが微細な小麦粉或いは粗い小麦粉で作られているか、さもなければフスマ入りの小麦又はフスマを除いた小麦粉で作られているかどうかで人体への大きな差がある」（『食物繊維と現代病』（D・P・バーキット他編、細谷憲政監修、自然社）と指摘します。

小麦は、大きく「胚乳」、「胚芽」、「表皮」に分けることができます。私たちが日常的に食べている小麦粉は「胚乳」と呼ばれる全体の約83パーセントを占める白い部分になります。胚芽は文字通り、次の時代の芽を出す大事な部分なのでさまざまな栄養素が含まれ、主に栄養補助食品などに使われています。「表皮」は一般にフスマと呼んでいます。栗やくるみが硬い殻で、胚芽や胚乳を守っているように、比較的硬い繊維組織でできているのが特徴です。消化率が低いこともあり、主に家畜のエサやペットフードなどに使われています。

　さすがヒポクラテスは医学の父と呼ばれるだけのことはあります。「食物繊維」などという言葉が登場するはるか昔から、たぶん、フスマには「何かある」と気づいていたのでしょう。あるいは、小麦のフスマが入った茶色いパンを食べている人たちと、フスマが入らない比較的白いパンを食べている人たちを見て、その健康状態から気づいたのかもしれません。

　やがて１９３０年代になり、アメリカの医師ジョン・ハーヴェイ・ケロッグ博士は、小麦のフスマに関心を持ち、便秘や大腸炎の患者に有効だと主張します。ちなみに、日本でも発売されているコーンフレークといえば、「ケロッグ社」が有名ですが、この医師が患者さんのために開発したものです。

　１９５３年になってイギリスの医師ヒップスレーが「ダイエタリーファイバー（食物繊維）」という言葉を初めて使います。ここから消化吸収されないものの意味が考えられるようになってきました。ちょうど、私が生まれた年ですから、私の子ども時代はまだまだ「消化」が重視されたのも当然でした。

デニス・バーキットの食物繊維仮説

　イギリス出身の外科医デニス・バーキットは、『食物繊維と現代病』（自然社）の「まえがき」で次のように述べています。

――20年から30年に及ぶ私たちのアフリカでの外科的、並びに内科的医療奉仕を通じて、アフリカ大陸の疾病パターンとヨーロッパ及び北アメリカ大陸でのそのパターンの差異に忘れられない程の深い印象を受けました――

その中でも、アフリカには少ないが、先進国で急増している大腸のさまざまな疾患、特に大腸がんと食物繊維の摂取量に目が行ったのでしょう。もしかしたら、たまたまアフリカで生活する人たちの便を見て、その大きさに驚いたのかもしれません。結果、1972年に「食物繊維は大腸がんの予防に大きな影響を与えている」という仮説を発表します。

そこから一挙に「不要」だったはずの食物繊維が注目されることになります。今や、特定保健用食品（トクホ）の中でも最も多いのが「おなかの調子を整える食品」として認められている食物繊維になっています。コーラにさえ食物繊維が入っていれば「トクホ」になってしまう制度には疑問がありますが、それほど見直されてきたということです。

それはともかく、バーキット博士は食物繊維の重要さをさまざまな角度から説明していますが、最も重視していたのは、食物繊維の持っている「抱水能」だったと思われます。

便は小腸から大腸へ入っていく液状の内容物が結腸で水分が適度に取り除かれ、密度の高い状態になったものです。何らかの理由で水分の吸収がうまくいかなかった場合が下痢です。逆に腸の内容物の中に食物繊維が不足すると、内容物中の水分が取り除かれ過ぎて、便は小さくかたいものになります。わかりやすくいえば、食物繊維はスポンジのようなものだと考えればいいでしょう。便の中に小さなスポンジがちりばめられていれば、水分は保持されることになります。食物繊維のこの抱水能という性質によって、腸内容物の容積を保ち、便の軟らかさを保つことができるわけです。この便の軟らかさというのは、水を飲んでもそれほど変わりません。食物繊維が含まれていなければ、飲んだ水は腸から吸収されて、尿として排泄されるだけです。

そして、便に適度の重量があることによって、直腸の壁が引っ張られ、それが引き金になって筋肉は収縮を始め、便意をもよおし、「トイレに行きたい」となります。食物繊維が不足していると、便は小さくなり直腸の筋肉が十分に収縮しないため、便意が起きず、便秘になってしまうわけです。

そのため、バーキットはさまざまな民族の食物繊維の摂取量と、便の重量、腸内通過時間の関係を調べて、見事にそれらが関係していることを明らかにしています（**図2―1**）。

その後、バーキットは「そこの国の人の健康状態は、便の大きさを見ればわかる。便の大きい国では病院は小さくてすむ。便が小さければ大きな病院が必要だ」と名言を述べています。

バーキットの書いたものを読むと、「腸内細菌」という言葉は使っていますが、その役割、重要性についてはほとんど述べられていません。もっぱら便の大きさに目が行っていました。もし、バーキットが日本で医療活動をしていたらどうだったんだろうと考えることがあります。ヨーロッパでは農業で人糞を使うことはありません。日本や東南アジアでは、人糞を肥料として農業で利用している国がたくさ

図2−1　1日当たりの大便重量と腸内通過時間

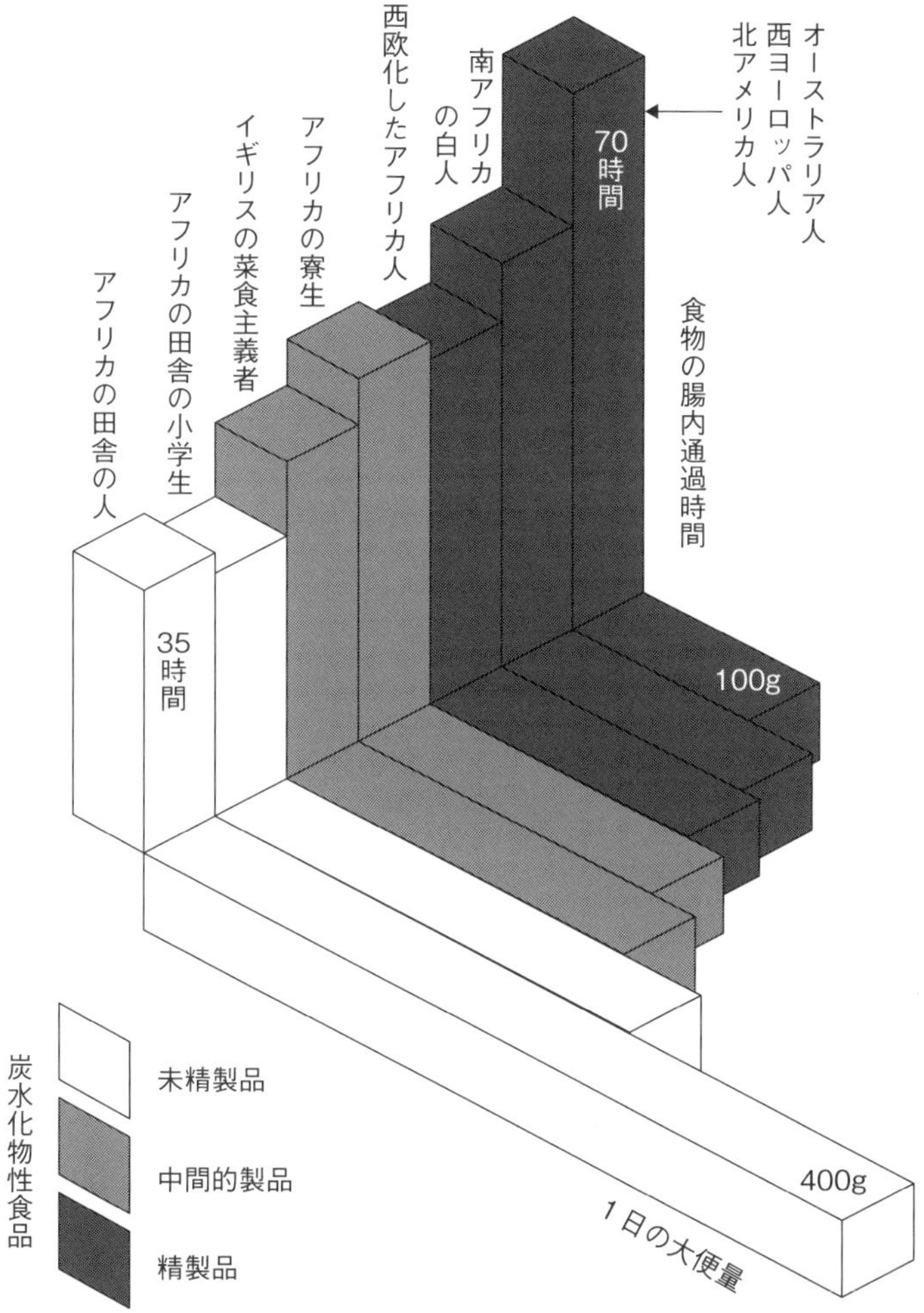

1日の平均大便排泄量は地域集団で異なり、これは食物繊維の摂取量と比例し、大便重量と腸内通過時間とは逆の関係にある。大便重量が大きく、通過時間が短いといろいろな病気の発生率は低くなる。

出所：『食物繊維で現代病は予防できる』デニス・バーキット著（中央公論社）

んあります。その人糞は高値で取り引きされているものと、安いものがあるというのを見ていたら、「便」の質にも目が行ったのではないかと思います。

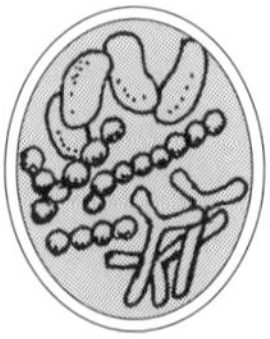

腸内細菌は食物繊維をエサにしている

私たちは長い間、食事をするのは自分のためだけだと考えてきました。そのため、消化吸収できない、あるいは消化率の低い食品は食べても意味はない。むしろそれらを食べると、必要な食品の消化吸収を阻害する可能性さえあると指摘された時期もありました。

その主役は消化しにくい食物繊維だったわけですが、だんだんと無意味なものではないことがわかってきました。バーキット博士が指摘するように、食べ物を食べて消化吸収することは大事ですが、それをきちんと排泄することも同じくらい重要であり、食物繊維の大切さが随分と理解されるようになってきました。

その後、「食物繊維は排泄のためだけにあるのか？」と問われ、そうではないことがわかってきました。それは腸内細菌のエサになっているということです。

腸内細菌は、私たちと同じで炭水化物を主たるエネルギー源にしています。炭水化物にはさまざまな種類がありますが、代表的なものにごはんやいも類などに含まれる「でんぷん」があります。これはブドウ糖がたくさん結合したもので、多糖類といいます。これが消化吸収されてブドウ糖になりエネルギー源として利用されています。同じ多糖類でも消化吸収されない、されにくいものを難消化性多糖類と呼び、それが腸に行き腸内細菌のエサになっています。

これが十分に腸に行っているときは、その分解産物として健康に寄与する物質をつくっていることがわかっています。これが不足すると、タンパク質などを分解することになり、健康にマイナスになる物質をつくり出すこともわかっています。

腸内細菌研究のパイオニアである光岡知足先生は、「伝統的な日本の食事が軽視され、発酵食品をあまり摂らなくなったこと、肉類や乳製品の摂取が増大したことなどが腸内腐敗の元凶と考えられます。肉類の摂取量があまりにも増え、なおかつ野菜との摂取バランスが崩れたことが、日本人の腸内フローラを悪化させたのです」(『腸を鍛える』祥伝社新書)と述べています。

ただし、タンパク質が不要なものだといっているわけではありません。問題は、食物繊維が不足してタンパク質を利用しなければならなくなっていることにあります。

序章で紹介した海藻なども同じです。海藻は消化吸収されないのでエネルギー源にはなりません。そのため、ダイエットと称して海藻を山ほど食べる人もいます。寒天ダイエットなどが流行したのもそのためです。昆布、わかめ、ヒジキなどの海藻類にはアルギン酸という難消化性の多糖類が含まれています。最近の研究で日本人にはそれをエサにすることができる腸内細菌が見つかっています。アルギン酸は多糖類ですから、おそらく腸内細菌がそれを分解して、エネルギー源にしていることが想像されます。この細菌は日本人特有のものだというところが面白いと思います。

同じように、こんにゃくには「グルコマンナン」という難消化性多糖類が含まれています。これも、私たちはエネルギー源にできないので、ダイエット食品などに利用されています。これなどもいずれ、それを利用できる腸内細菌が見つかり、エサになっていることがわかるような気がしています。

私たちが食べたものは、私たちだけが利用しているわけではありません。腸内に棲息する細菌もそれを一緒に食べています。しかも、単に食べるだけではなく、乳酸菌の話と同じで、そのさい、さまざまな生成物質をつくっている可能性がわかってきています。

「栄養素」は参考にしかならない

母乳には、ほんのり甘い「乳糖」が含まれています。乳糖は、「ラクトース」と「ブドウ糖」が結合したものです。それが消化され、ラクトースとブドウ糖に分解され、単糖という小さなかたちになって吸収されエネルギー源として利用されています。もう一つ、母乳には「オリゴ糖」と呼ばれる難消化性多糖類が含まれていますが、消化吸収できないのでエネルギー源にすることはできません。

それでは、なぜ役に立たないものが含まれているのでしょうか。消化吸収されないということは、大腸まで運ばれることになります。そこで腸内細菌のエサになっています。乳酸菌の一種、ビフィズス菌がそれを利用していることがわかっています。母乳だけで育った赤ちゃんの便は、山吹色をしています。酸っぱいにおいがするのもビフィズス菌が多くなっているためです。そのことによって腸内の酸性度が高くなることにより、雑菌の繁殖を防いだり、腸の蠕動運動を促すことなどもわかっています。

また、ビフィズス菌はオリゴ糖からビタミンB群、ビタミンK、葉酸などを合成していることがわかっています。なお、母乳にはビタミンCがわずかしか含まれていません。授乳期間が長くなった赤ちゃんは数年にわたってビタミンCを摂っていないわけですが、ビタミンCが欠乏して起きる壊血病になったという話は聞いたことがありません。牛などは腸内でビタミンCが合成されることがわかっています。人間は牛と違ってビタミンCは合成されないので、「食事で必ずとらなければならない」とされています。どうでしょうか？　牛乳にもビタミンCがほとんど含まれていませんが、それをヨーグルトにするとわずかにビタミンCが含まれるようになります。ヨーグルトにもさまざまな乳酸菌が使われています。ビフィズス菌に限った話ではありませんが、それらの細菌によってビタミンCが合成されているのではないかと考えられています。それと同じことが赤ちゃんの腸内で行われている可能性があってもおかしくないと考えています。

先にあげたパプアニューギニアの人たちの腸内には、空気中の窒素をタンパク質に変える細菌が特定されています。栄養学者や栄養士さんは栄養素のバランスをとることを主張します。

しかし、実際に世界中の民族の食生活を調べると、とてもそれを満たしているとは思えない人たちがたくさんいます。例えば、北極に生活しているイヌイット（エスキモー）の人たちは、かつて、クジラやカリブー、白熊など肉食がほとんどで植物性食品は極めて少ない食生活をしてきました。南米の高地には、ジャガイモやトウモロコシばかりでほとんど動物性の食品を食べないで生きている人たちもいます。砂漠にはラクダのチーズばかりで生きている人たちもいます。そのような食生活で何千年、あるいは何万年と過ごしてきました。

いや、私たち日本人だって長い歴史の中で考えてみれば、今ほどいろいろな食品を口にするようになったのは、せいぜい半世紀でしかありません。栄養素が満たされていたとは思えません。

私たちは、「食生活」を考えるさい、これまで自分が食べる食品の栄養素だけ考えてきました。腸内細菌も一緒に食べていることを抜きにして考えられてきたのです。腸内細菌の本格的な研究は、まだ20～30年ほどしか経っていません。

それでも、すでにパプアニューギニアの人たちのタンパク質の摂取量や日本人にとっての海藻類に対する考え方が再考を迫られています。数千とも数万ともいわれる腸内細菌の研究が進んできたとき、栄養素を考えることにどれほどの意味があるのか、たぶん、参考程度にしかならないということがわかるでしょう。

二重に危険な「糖質制限食」

図2−2　日本人の年代別食物繊維摂取量

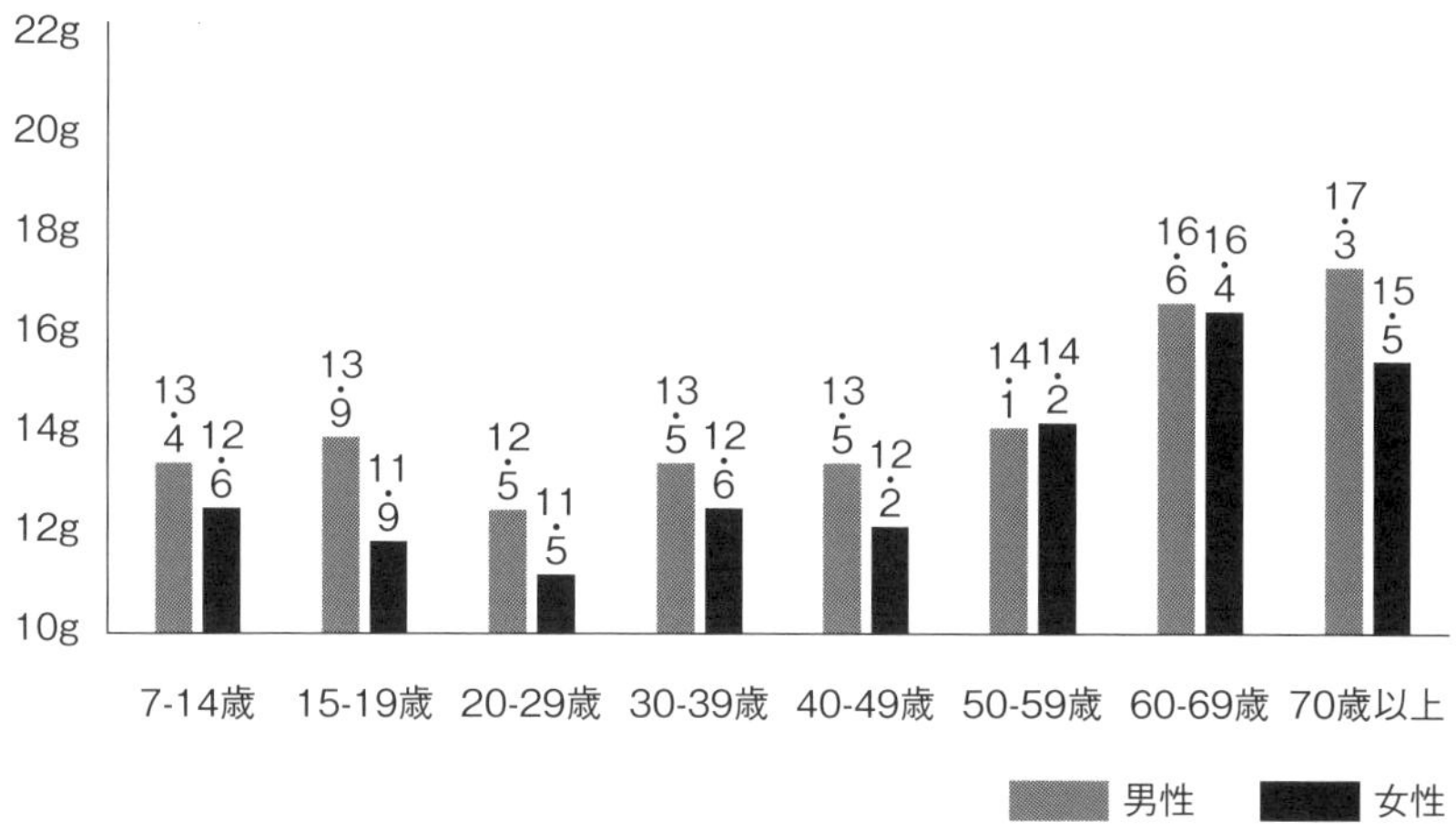

出所：平成 29 年国民健康・栄養調査　日本人の食事摂取基準（2020 年版）

食生活の欧米化で食物繊維不足に

腸内細菌叢がエサにする食物繊維は、主に穀類、いも類、豆類、野菜、海藻類、果実などの植物性食品に含まれています。動物性食品はカニやエビなどの殻に含まれている「キチンキトサン」くらいしかありません。したがって、いずれも日本人が普通に食べていたものに含まれているので、不足することなどありえませんでした。

ところが近年、食生活がどんどん欧米化され、肉や食肉加工品、牛乳、乳製品などが増え、食物繊維が不足する大きな要因になっています。実際、食物繊維の年代別の摂取量はそのことを明らかにしています。比較的、ごはんや野菜、海藻、魚介類を中心とした「和食」が多い高齢者ほど摂取量が多く、欧米化した食生活をしている若者ほど摂取量が少なくなっています（**図2—2**）。

ところがこんな時代にもかかわらず、「糖質」こそ肥満や糖尿病、生活習慣病の原因だとする「糖質制限食」が話題になることがあります。一口に糖質制限食といっても、主張はそれぞれで統一されているわけではありません。ただ、共通するのは、「人は糖質ではなく、脂質をエネルギー源とするのが最も自然だ」という主張です。したがって、糖質を含む、穀類、いも類、果物、あるいは砂糖類をやめて、脂質を多く含む、肉類、魚介類、豆類を食べるべきだといいます。

これまでの人類の歴史を見れば、肉食こそが人間の本来の食生活だと主張する人たちさえもいます。たしかに、人類が誕生してから、３００万年、４００万年、あるいは７００万年ともいわれていますが、そのほとんどが狩猟採集の時代であり、農業が始まったのはわずか1万年前に過ぎません。

動物性食品が多くなり過ぎている

農業が始まって、米や小麦、いも類などを食べるようになったのは長い歴史の中で考えれば、つい最近のことに過ぎません。そのため、私たちの体は穀類、いも類などの炭水化物に適応していない。適応していない穀類やいも類を食べるようになったために、肥満や糖尿病が増えたと主張します。日本だったら農耕が始まる前の縄文時代が理想だといいます。さすがに、ブームになってからいろいろな立場の人たちが意見をいうようになってきています。その理屈のおかしさが指摘されるようになってきました。科学的な分析技術が急速に進み、縄文人が何を食べていたのかがわかるようになっています。人骨のコラーゲンを分析することによって、植物性タンパク質か動物性タンパク質をとってきたかがわかっています。そうした研究によると、人骨の発掘場所によって異なるようですが、重量比にして6～7割が植物性の食品、肉や魚などの動物性食品は1～2割程度しか食べていなかったことがわかってきています。

植物性の食品の中でも、いも類や木の実の堅果類と呼ばれるドングリやくるみ、トチなど、文字通り実が硬い植物を多く食べていたようです。それらには「炭水化物」が豊富に含まれています。縄文時代は「森の文化」と呼ばれることが多いように、当時の日本は緑の森に覆われていました。西日本は常緑樹の「樫《かし》」が多く、東日本は落葉樹の「楢《なら》」が多かったことがわかっています。

蒸し暑い日本で冷蔵庫も保存料もない時代、肉を主食にするには毎日狩りをして取らなければならないことになります。鉄砲のない時代にそんなに収獲ができるはずがないことは、子どもでもわかる話です。さすがに、あまりにもおかしな理屈に、疑問が多くなり、実践する人も少なくなってきています。

理屈がおかしいだけではなく、非常に危険な健康法です。一つは動物性食品が多くなり過ぎることです。もう一つ考えなければならないのは。肉類の質の問題があります。腸内細菌叢に対する食事の影響は緩やかです。これまで述べてきたように、抗生物質は急激に変化させてしまう可能性があります。そのことがさまざまな問題になってきています。

ところが今は、抗生物質が牛や豚などの家畜に大量に使用されるようになっています。しかも病気のためならわかるのですが、成長を促進させるために使用されています。家畜の成長が早くなれば、それだけエサを減らすことができるし、早く出荷することが可能になります。その危険性から、ＥＵ（欧州連合）などでは全面禁止になっていますが、日本やアメリカでは禁止されていません。日本の場合は、抗生物質の残留がなくなってから、畜産処理場に送られることになっています。しかし、今や肉類はアメリカだけではなく、中国や東南アジアなどさまざまな国から入ってきます。検査体制がどうなっているのか？　不安が残ります。その健康への影響はどうなのか？　世界の腸内細菌の研究者のかなりの人たちがそのことに懸念を表明しています。

「糖質制限食」を勧める人たちの中には、子どもにも必要だと主張している人たちもいます。離乳食に肉や肉汁、肉のスープなどを大量に与えてしまう親が出てもおかしくありません。生涯にわたる常在菌が形成される大事な時期です。非常にこわいことだといわざるをえません。

腸内細菌叢との「共進化」の仕組みと知恵

2015年2月に、NHKスペシャル『腸内フローラ　解明！　驚異の細菌パワー』という番組が放映されると大変な反響があったといいます。その番組の内容をまとめたのが、『腸内フローラ10の真実』（NHKスペシャル取材班編・主婦と生活社）です。

その書の中で、アメリカの便微生物移植療法の取材の話が登場します。患者は47歳で先に紹介した偽膜性大腸炎の患者さんです。倦怠感や吐き気などの症状があり、家事もままならない状況でした。インディアナ州立大学で「便微生物移植」を受けます。便移植そのものは10分足らずで終わるといいます。ただし、アメリカの場合は、大腸内視鏡検査を受けるさいは全身麻酔をすることが決まりなので、準備段階を含めるともう少し時間がかかるでしょう。

取材班が2日後に彼女の自宅を訪ねると、「全然違うの、すっかり良くなったの」と明るく答えたといいます。担当医師に聞くと、「重傷でベッドに寝たきりになっていた患者が、便微生物移植の翌日には、人工呼吸器がとれ、薬も必要なくなってしまうことがあるんです」と答えています。

まさに奇跡のような話です。テレビの反響がすごかったというのもうなずけます。本書の中で、腸内細菌叢と食生活の関係を非常にわかりやすく書いています。

――「昔ながらの生活が健康にいい」のは、腸内細菌と共進化してきたから

さて、身近な話に戻ろう。私たちは「共進化」という視点をもつことで、健康の秘訣を手に入れることができる。２０１３年、「和食」がユネスコ無形文化遺産に登録された。健康にいい食事の代表として世界でも大ブームだ。

和食がなぜ健康にいいのか、たくさんの理由があることを皆さんもご存知のことだろう。では、「和食を食べる恩恵は、外国人より日本人のほうがずっと大きいはず」といったら、その理由はどうだろうか？

本書をここまで読んできた皆さんには簡単かもしれない。答えは、私たちのお腹の中にいるの

が、〝和食を食べて生きてきた腸内細菌〟だからだ。

「共進化」では、非常に長い時間をかけて、一番〝うまくいく〟ような仕組みが徐々にできあがる。その間、私たちの先祖たちは和食を食べていた。だから、和食を食べる環境で一番〝うまくいく〟ように、私たち自身も、腸内細菌も、「共進化」しているはずなのだ。

それぞれの民族には、それぞれの食生活に最適化された腸内細菌がいるに違いない。アメリカ人が和食を食べても体にいいかもしれないが、彼らの腸内細菌がその真価をひき出してくれるとは思えない。ですから、和食の恩恵が一番大きいのは、やはり日本人なのだ――

数千とも数万種ともいわれる腸内細菌とどうつきあっていけばいいのか。私たちはまだまだわからないことだらけなのが現状だと思います。ただ、私たちはわからない中でも十分つきあってきた歴史があります。わからないのだから、昔から伝わってきた「知恵」を基本に考えることが間違いを犯さないことではないでしょうか。私たちは「伝統食の知恵」という言葉をよく使います。世界でもまれな発酵食品の多いことと考え合わせると、そのほとんどが目に見えない微生物とのつきあい方の知恵といってもいいように思います。

3 章

土着微生物を活かす自然農業の真骨頂

姫野 祐子

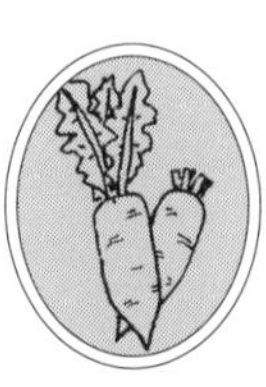

自然農業とは

自然農業は、韓国の趙漢珪《チョウハンギュ》先生が提唱している有機農業の一種です。趙先生はこの自然農業を50年以上前に韓国で始め、以後、農家の方たちとともに研究を積み上げ、現在に至っています。

私は1987年に韓国で趙先生と出会い、その後「自然農業を通して日本の方たちと交流をしたいので手伝ってもらえませんか」という要請があり、引き受けました。もともと日韓の交流をサポートするような仕事をしたかったのと、当時は消費者の立場から安全な農産物の生産に興味があったからです。そして、日韓の農民交流をしていく中で、自然農業の現場を見たり、趙先生の農業に対する考えを知るにつれ、私も自然農業に引かれるようになり、日本での自然農業の普及の仕事をするようになりました。

趙先生は日本とは縁が深く、自然農業の基本となる考え方を日本の三人の先生から学んだとおっしゃっています。柴田酵素の柴田欣志《きんし》先生から微生物や酵素について学び、ブドウの巨峰をつくった大井上《おおいのうえ》康《やすし》先生からは作物の栄養週期学説を学び、ヤマギシ会の山岸巳代蔵《みよぞう》先生からは山岸式養鶏法と作物や家畜に対して親愛の情で接することなど、農家としてのあり方を学んだということです。

日本の農業雑誌で紹介されたのを皮切りに、1992年に第一回自然農業基本講習会が開催され、自然農業の普及が始められました。日本自然農業協会が設立されたのもこの年です。

趙先生が監修された『はじめよう！自然農業』（創森社）に寄せられた「監修のことば」の中から、自然農業の考え方・取り組み方の基本を端的に示している部分を抜き出して紹介します。

――農業の真の目的は、だれしも安心して食べられ、心も体も満たしてくれる本来の食料を生産することである。農業は、タンパク質、糖分、脂肪などといった分析できる栄養素だけではなく、生命力そのもの（栄養源）といえる食べ物を生産、供給する生業《なりわい》である。

生産された食べ物は、生命力とおなかを満たしてくれるエネルギーがこもった器（植物体）のなかで調和して発酵し、熟成した結実であり、真の意味での完全な食品と言うことができる。

自然農業の特徴は、化学農薬や除草剤の代わりに、その地域の土着微生物や植物や農畜副産物を活用し、農家がつくった農業資材を利用する。これにより、動植物の潜在能力を最大限に発揮させ、労働力と生産費を節減することが可能となる。

自然農業は、農薬と化学肥料を多用する高コストの現代農業の概念を大きく変える。いわば、低費用・高品質の省力多収穫農業である。また、大規模な農場から家庭菜園まで、きわめて応用範囲が広いことも特徴である。

自然農業の五〇年の歴史のなかでは大変な苦労も経験したが、そのなかで近年、とてもうれしかったのは、二〇〇三年に農業として初めて国際標準化機構（ＩＳＯ）からマネジメントシステムの国際規格ＩＳＯ９００１／１４００１の認証（品質、環境に関するもの）を受けたこと、二〇〇四

表3－1　趙漢珪(チョウ・ハンギュ)氏プロフィール

1935年	韓国・京畿道水原出生
1958年	水原４Hクラブ連合会会長（～1962年）
1960年	水原農林高等学校卒業（25歳卒業）
1962年	水原畜産協同組合長就任
1965年	農業研修者として渡日、3年間土着農業研究
1966年	省力多収穫農業研究会発足、全国各地に自然農業普及
1978年	プルムトゥレ営農会に改称、会長就任
1986年	韓国自然農業中央会に改称、会長就任
1992年	日本の農業専門誌「現代農業」に「感の農法」寄稿（21回連載）
1993年	日本の「韓国自然農業中央会と交流する会」（現特定非営利活動法人日本自然農業協会）の特別講師となる
1994年７月	社団法人韓国自然農業協会となり、会長就任
1995年	農林部「中小農高品質農産物生産団地事業」指導担当
1995年10月	自然農業生活学校及び研究農場開設（忠清北道槐山）
	農協中央会と全国単位農協指導部長（1403名）に対する教育契約締結
	社団法人環境農業団体連合共同代表就任
1995年	北海道穂別町農業アドバイザーになる（～1998年）
1996年	韓国農漁村宣教委員会専門委員就任
1998年	アジア自然農業研究所開設、所長就任
1999年	全羅南道咸平郡環境農業育成諮問及び技術指導顧問
	中国吉林省延辺黎明農民大学に北方自然農業研究所開設
2000年	農林部植物検疫所審議委員就任（～2002年）
	経済正義実現聯合環境家族連帯共同代表就任
2002年５月	社団法人韓国自然農業協会名誉会長（現在）
	自然農業文化センター開設（慶尚南道河東郡）

〈著書〉

韓国：「趙漢珪の自然農業」「自然農業の資材作り」
「土を生かして食を生かす」（監修）「自然農業　選集」（全５巻）
機関紙「自然農業」発行

日本：「土着微生物を活かす」「天恵緑汁のつくり方と使い方」「趙漢珪氏講演録」
「おばさんのふしぎな畑」（石橋えり子作画）監修、「はじめよう！自然農業」監修
その他、英語版「Korean Natural Farming」、中国語版、タイ語版「趙漢珪の自然農業」

中国、モンゴル、ハワイ、フィリピン、タイなど各国にモデル農場所在

ハワイで自然農業を実地指導（右から３人目が趙漢珪さん）

年に日韓環境大賞（毎日新聞、朝鮮日報共催）と韓国の錫塔《ソクタプ》産業勲章を受章したことである。自然農業が品質だけでなく環境と生命を守る農業であることが広く認められたことになると思う。

日本では現在、日本自然農業協会により、基本講習会や日本各地の生産者を訪ねる勉強会、国際交流がおこなわれている。すでに各地の生産者が自然農業によって、すばらしい成果をあげている。その成果は稲作、野菜、果樹だけでなく、養鶏、養豚、肥育牛においても注目される結果が報告されている

――

参考までに、**表３―１**に趙先生のプロフィールを紹介します。

海外での活動は、中国、台湾、タイなどアジアを始め、アメリカ、ロシアなど、20か国以上の国に及んでいます。自然農業がなぜこんなに気候や風土も

表3−2　自然農業の取り組みの基本

◆無農薬、減農薬
◆無除草、抑草。果樹は草生栽培
◆不耕起、浅耕、自然耕（菌耕）
◆無化学肥料、自家製の肥料
◆自家製の農業資材 土着微生物、天恵緑汁、漢方栄養剤、農業用ミネラル液、魚のアミノ酸、水溶性リン酸カルシウム、水溶性カルシウム、乳酸菌血清、誘引殺虫剤（ほめ殺し）、酵母菌、との粉、コウジ菌、炭、ニンジン酵素土、麦芽糖、海水
◆畜産＝自家製の配合飼料
◆畜産＝環境汚染のない畜舎
◆畜産＝人工加温をしない畜舎

出所：『はじめよう！ 自然農業』趙漢珪監修、姫野祐子編著（創森社）

違う国々でも愛されてきたのかというと、自然農業の基本思想及び技術は、その地域にあるものを活用することにあるからです（表3−2）。中でも自然農業の中心となるのは土着微生物を活かすことです。どこか特定の国の特定の菌を活かすのではなく、その国、地域に元からあった土着の微生物を活かすのです。

また、その微生物の活用方法は、決して難しいものではなく、誰でも簡単にできるものです。お金もほとんどかかりません。アジアやアフリカの貧しい農家でも取り組めるのです。そしてどの国や地域においても、すばらしい成果を上げました。

この本では、まずその自然農業の考え方・取り組み方の基本と代表的な自家製農業資材の一つである土着微生物のつくり方を解説し、次に実際に自然農業に取り組んでいる農家の例などを紹介します。

土着微生物を活かす

なぜ、土着微生物なのか

土着微生物を活かすとは、農家が自分の住んでいる地域の山で採取してきたものを、自家培養して農業に活かすということです。

どんな国や地域でも、その地域を守ってきた土着微生物がいます。それは、その地域に何千年、何万年前から、その地域の気候や、環境に適応して生きてきた微生物たちの集合体です。その間、大雨や干ばつ、気温の高低など、さまざまな気象変化があったと思いますが、それでもその地域に生き残ってきた微生物たちです。環境に適応してきたものですから、とても強いのです。

この土着微生物を農業に活用する技術は、新しく発見されたものではありません。微生物という概念が生まれる、ずっと前から、人々は上手に活かしていました。例えば、新潟のある柿農家のお話では、柿の成りが悪くなったら、柿の木のまわりの土を山の森に持って行って、しばらく置いておいたものを、また持って帰って木のまわりに被せていた、という話をおじいさんから聞いたそうです。そうすると、また柿の木が元気を取り戻し、実るようになったそうです。

また、神奈川県のある農家の方の話では、昔は馬や豚を何頭か飼っていて、畜舎が臭くなると、山の腐葉土や落ち葉を集めてきて、畜舎に敷くと、においがなくなったそうです。これらは、農家が生活の中で自然と行ってきた知恵だといえます。

ところが、農業に微生物が大事ということが知られるようになってからは、ある特定の微生物が、工場で純粋培養されて、販売されるようになりました。それらは、作物が何かの病気にかかったとき、その微生物で治ったということで、注目され、販売されるようになったのでしょう。しかし、台風が来たり、干ばつになったり、毎年、変わる気象条件のもと、畑でいつでも効果が発揮できるでしょうか？また、このような市販の微生物は、農家が自分で培養することができません。農家は買い続けるしかないのです。

微生物の多様性を活かす

農業にとって有用微生物といわれるものには、放線菌、乳酸菌、麹菌、納豆菌などがあげられていますが、自然農業では、特定の菌だけを培養せず、総合的に活用します。それは、土の中で、微生物同士がバランスを取ろうとするからです。例えば、ある微生物が異常に増えると、別の微生物がそれらを取り囲んで抑え込んでいきます。あるいは、ある微生物が異常に繁殖することで、熱が発生し、その上がった温度に適した別の微生物群が発生して、前の微生物が減っていくということも起こります。

人間が特定の菌の働きを想定して、環境をつくっているつもりが、かえってバランスを崩して、悪い

土着微生物（４番）に米ぬか、魚カスなどを入れてボカシ肥料をつくる

結果になることもあります。趙先生は「微生物に任せなさい」といいます。それは多様な微生物叢が、土を豊かにし、作物の健康を保つからです。

「土づくり」というと、堆肥などの有機物を入れることだといわれてきましたが、作物にとっての栄養分を根が吸い上げるには、根のまわりの微生物が重要です。作物はほとんどの有機物を直接吸収することはできません。微生物が分解したものを、根は吸収するからです。

また、微生物はそれぞれ好むものが違うので、多様な微生物が土の中にいたほうが、作物は多様な栄養分を吸収することができるわけです。しかし、現在の畑は、化学肥料や農薬、また機械的な耕うんになどによって、微生物の量も少なく、また多様性にも欠けています。一方、自然の山の森はどうでしょうか？　自分の落とした葉が腐って肥料となり、誰に耕されることもなく鬱蒼と茂っています。微生物

自然農業で実った河内晩柑（熊本県水俣市の吉田浩司さんの栽培による）

のバランスが崩れた畑の環境を、少しでも森の中のような自然環境に近づければ、作物も元気に育つのではないかと考えて、その山の微生物を活用しようというのが自然農業です。

自然農業という言葉を聞いて、何もしないで放って置くようなイメージを持つ方もいますが、違います。自然農業では、農家が畑の環境を整えるために、積極的に土着の微生物を活用します。

裏山に昔から棲みついてきた土着微生物を自家培養して、畑に入れると、畑の微生物叢が豊かになります。微生物が増えると、それを食べるミミズやオケラなどの昆虫やモグラなどの小動物が増えます。それらが土の中で活動するので、自然の土が耕されたようになります。

こうして、良い土の条件である、通気性、通水性、保水性、保肥性ができ上がり、団粒構造が形成されていくのです。土着微生物を畑に施し続けていると、硬かった土がふわふわと軟らかくなります。また生えていた雑草も、変化してきます。このように畑の土が変わってくると、作物も病気になりにくくなり、結果的に農薬を減らすことができます。稲や野菜ならば、その年からでも無農薬栽培が可能です。果樹栽培では、農薬を半分以下にすることは可能です。柑橘など無農薬栽培も行われています。

自然農業に取り組んだ農家の方が口をそろえていうのは、土が変わって、作物の味が良くなったということです。「糖度も上がりましたが、味にコクというか、うま味があるんです」と喜んで話してくれます。土の中の多様な微生物叢が、健康を保つだけでなく、ミネラルなどの吸収を助け、味に深みが出るようです。

畜産における土着微生物の活用

自然農業の大きな特色は、畜産においても土着微生物を活用していることです。すべての畜舎は開放型で、屋根には天窓があり、太陽光線が差し込み、換気が自然に行われるようになっています。その中で家畜（牛・豚・鶏など）は自由に動き回ることができるので、骨格のしっかりした健康な体に育ちます。

床には土着微生物が敷かれます。牛舎、豚舎、鶏舎で、それぞれ違いはありますが、基本的に畜舎の床は土着微生物の発酵床です。そこに糞や尿をすると、土着微生物によって分解されていきます。発酵が進むと土のようになります。家畜たちは、それを喜んで食べます。一般的な畜舎では、糞尿を別に集め、処理施設で処理しなくてはいけませんが、自然農業では、発酵床がすべて処理してくれるので、糞尿処理施設は必要ありません。経済的でもあり、管理する人の労働力を大幅に減らすことができます。そして、環境を汚染させません。

例えば豚は、肥育豚（30～110キログラム）ならば、一日に糞を約2キログラム、尿を約3・8キログラム排泄します。自然養豚では9坪の豚房に16～25頭飼育します。20頭で計算すると、糞と尿で116キログラムになります。一年では約42トンにもなります。これが土着微生物の発酵の力ですべて土のようになり、一部は豚がエサとして食べてしまうのです。排泄物が外に出ることはありません。

豚舎は1メートル掘って、そこにオガクズ、土、土着微生物、自然塩を混合して入れます。この約300立方メートルの発酵床の中にどれくらいの微生物が存在しているかはわかりませんが、すべて処理されます。周辺に漏れることもありません。床を掘ると、約45センチのところまでが、色が変わっていました。ここまでが発酵床ということです。その下からは、最初のオガクズがそのまま出てきます。

自然養豚舎には天窓があって、開放型の構造ですから、においもありません。土着微生物の驚異的なパワーの効果は、実際に見ないと信じてもらえないかもしれません。見学に来た人たちが必ず撮る写真は、豚糞を手に取って、口に入れるくらい近づけているポーズです（次頁の**写真下**）。

従来のオガクズ豚舎では、この発酵という概念はなく、ただ糞尿を浸み込ませるだけです。ですから、オールイン・オールアウトといいますが、豚が出荷されると、床のオガクズをすべて豚房の外へ取り出し、新しいオガクズを入れて、そこに子豚を導入するのです。その労働力やユンボなどの機械も必要です。においもします。

土着微生物の活用は、床だけではありません。家畜の飼料にも混ぜて食べさせます。家畜たちは、エサとしても食べ、発酵床からも食べるので、体内に土着微生物が繁殖し、健康を保ちます。太陽光線、換気など整った環境の中で、のびのびと運動してストレスもなく育った家畜たちは、胃腸も丈夫で、免疫力も高く、病気にかかりにくい体に育ちます。

ある自然養豚の農家の方が「においがしないのもありがたいけど、一番うれしいのは豚が健康なこと」といっていました。つまり、飼育途中で死んだりすることもなく、衛生費がほぼゼロだというので

育雛箱のヒナ。初日から繊維質の多いエサを与えるので胃腸も丈夫

臭くない豚糞に驚く見学者（自然農業の養豚場）

す。薬代がかからないことは経済的でもあります。

こうした環境で育った家畜たちは、消化も正常なので、出てくる糞尿もにおいがほとんどありません。豚舎に落ちている糞の塊を鼻まで持ってきてもにおわないのです。においがほとんどないうえに、換気がよいので、周囲にもにおいが広がることはありません。一般的な豚舎の悪臭は、豚本来のにおいのせいではなく、環境が整っていなかっただけということが、自然農業の畜舎を一目でも見たら、納得していただけると思います。

土着微生物の培養方法と活かし方

自然農業に取り組むさいの資材にはこれまで述べた土着微生物のほかに天恵緑汁、乳酸菌血清などがありますが、本書で微生物の働きをクローズアップしていることもあり、参考までに土着微生物の採取・培養方法、活かし方・使い方などを解説します。なお、土着微生物を使った自然農業はほ場はもちろん、家庭菜園や市民農園、ベランダの鉢植えなどでも取り組むことができます。

土着微生物の培養方法はいろいろありますが、基本的な方法を紹介します。

最も大切なことは、土着微生物を培養する場所です。専用のハウスをつくることが最上でが、一般的には無理なので、微生物の性質を考えて、環境を整えます。ハウスの場合は天井に天窓をつくり、直射日光が入らないように寒冷紗などで内側を覆うようにし、下は地面のままが条件です。土と接することが基本です。コンクリートの床は、培養には相応しくありません。小さくても土があるところで培養してください。ない場合は、大きい鉢や段ボール箱に土を入れて培養してください（76頁の**表3—3**）。

用意するもの　杉の箱（お弁当箱状）　硬めのごはん　箱にかぶせる和紙（半紙など）　動物よけのかご（コンテナなど）　かめ

土着生物の採取方法

①土着微生物1番

杉の箱に硬めのごはん（蒸したごはん）を詰め、和紙をかぶせて、ゴムひもかひもで結ぶ。山の広葉樹または竹林の落ち葉の下、腐葉土が多い場所に設置する。上を落ち葉や腐葉土で覆う。金網やコンテナなどをかぶせて動物よけにする。

環境としては、薄暗く、人が入ってこない場所がよい。雨の時期は避ける。

〈家庭菜園の場合〉　山が近くにない場合は、山から腐葉土や落ち葉を大きい袋いっぱい持ち帰り、大きい鉢か段ボール箱に土を入れた容器の中に入れ、その中にごはんを入れた杉の箱を仕込む。

気温が20～25度くらいなら、1週間くらいで、表面に白い菌が広がる。これを**土着微生物1番**と呼ぶ。湿度が高かったり、長く置き過ぎたりすると、赤や黒の菌が出てくるが、これは嫌気性微生物なの

表3−3　土着微生物の採取・培養の手順

①蒸したごはんを杉の箱に詰め、和紙でふたをし、ゴム（またはひも）で結ぶ
②杉の箱を裏山や竹林の腐葉土の中に入れ、枯れ葉などで覆う
③動物よけネット（または金網）をかける
④気温にもよるが4～7日後、ごはんの上に白い菌が付着、繁殖していたら持ち帰る＝**土着微生物1番**
⑤土着微生物1番と黒砂糖を混ぜ、かめの中に2週間～1か月浸ける＝**土着微生物2番**
⑥土着微生物2番を水で溶き、米ぬかと混ぜてわらなどで覆い、発酵させる＝**土着微生物3番**
⑦土着微生物3番に地域（山）の赤土、畑の土を混ぜて発酵させる＝**土着微生物4番**

出所：『はじめよう！ 自然農業』趙漢珪監修、姫野祐子編著（創森社）

で、利用しない。

②土着微生物２番

次に、土着微生物1番を同量の黒砂糖でまぶし、かめに仕込む。1か月ほどしたら、どろどろの味噌のようになる。これを**土着微生物２番**と呼ぶ。この状態で保存することができる。

③土着微生物３番

次に、土着微生物2番と米ぬかを混ぜて、水分を60～65パーセントに調節して、山積みにする。このときの米ぬかと土着微生物2番の割合は、20対1ぐらいである。この混合する水に、次項で説明する天恵緑汁などを入れると、さらに微生物を活性化することができる。

水分は、一摑みしてぎゅっと握り、開くと塊が壊れるくらいが目安である。上には、わら束や稲わらでつくったこもなどで覆う。稲には納豆菌がいて、これも土着微生物とともに活用する。ビニールシートなどで覆ってはいけない。

気温にもよるが、20～25度くらいなら、翌日から発酵して熱が上がり出す。そうしたら切り返して、温度が50度以上にならないようにする。慣れるまでは、温度計を差し込み、毎日温度管理をするのが望ましい。切り返すのは、温度を下げるためと、酸素を送ってやるためでもある。

冬場に培養するときは、ペットボトルなどに熱湯を入れて「湯たんぽ」をつくり、山の中に入れてやると、発酵が始まりやすくなる。

こうして、切り返しを繰り返して、表面の白い菌が全体に行きわたり、温度が上がらなくなったらで

杉の箱に動物よけネットなどをかけ、落ち葉や腐葉土で覆う

土着微生物１番をかめに入れ、黒砂糖でまぶし、土着微生物２番として保存する

土着微生物２番と米ぬかを混ぜて切り返しを繰り返し、表面の白い菌を全体に行きわたらせる（土着微生物３番）

土着微生物３番（左上）に赤土（左下）、畑の土（右）を混ぜて土着微生物４番をつくる

き上がりである。これを**土着微生物３番**と呼ぶ。一般的には「元だね」といわれている。プラスチックのコンテナなどに入れて保管しておく。

④土着微生物４番

土着微生物３番と同量の土を混ぜたものを**土着微生物４番**と呼び、自然農業では、この土着微生物４番を畑の基盤造成などに活用する。

土着微生物３番と混ぜる土は、赤土と目的の畑の土を半々に混ぜたものを使用する。なぜそうするかと言うと、微生物は既得権意識が強く、畑にいた微生物が土着微生物を受け入れるさい、問題が生じる場合があるからである。事前に発酵させておけば、「よく知っている親戚」が遊びにきたのと同じになるので、なじみやすいのである。これが、自然農業の特徴ともいえる（**図３―１**）。

一般的に微生物を畑に施そうとすると、なじまずに問題を起こすことがあるが、こうして土と目的の

図3−1　土着微生物の採種・培養のポイント

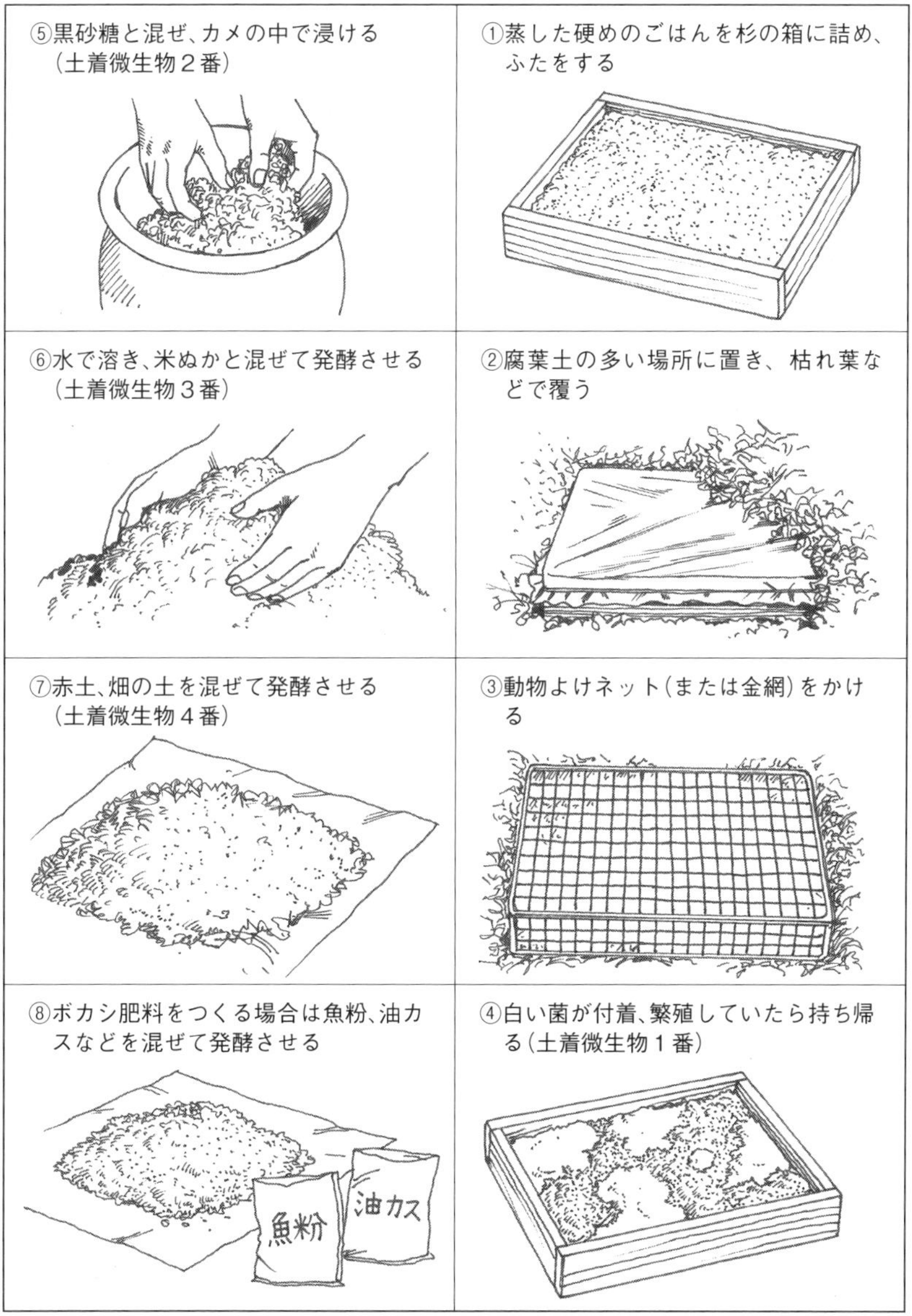
①蒸した硬めのごはんを杉の箱に詰め、ふたをする
②腐葉土の多い場所に置き、枯れ葉などで覆う
③動物よけネット（または金網）をかける
④白い菌が付着、繁殖していたら持ち帰る（土着微生物１番）
⑤黒砂糖と混ぜ、カメの中で浸ける（土着微生物２番）
⑥水で溶き、米ぬかと混ぜて発酵させる（土着微生物３番）
⑦赤土、畑の土を混ぜて発酵させる（土着微生物４番）
⑧ボカシ肥料をつくる場合は魚粉、油カスなどを混ぜて発酵させる
魚粉
油カス

出所：『はじめよう！ 自然農業』趙漢珪監修、姫野祐子編著（創森社）をもとに作成

畑の土を事前に混ぜて発酵させたものであれば、畑で微生物が活性化されて、本来の力を発揮する。これは、経験的にとられてきたことである。

土着微生物４番は、土壌の基盤造成をするとき、10アール当たり１５０キログラムを目安とし、２〜３回施す。

土着微生物を液肥にする場合は、水１００リットルに土着微生物４番を80グラム入れて発酵させて使用する。

ボカシ肥料をつくる場合は、この土着微生物４番に、油カス、骨粉、米ぬか、炭などを目的に作物に合わせて混合し、発酵させて施す。

家庭菜園の場合　ホームセンターなどで売られている園芸用の土を利用する場合も、鉢に入れた土の上に土着微生物４番をふりかけ、天恵緑汁、漢方栄養剤などをやると土の基盤造成になる。

生ごみ処理での土着微生物の活かし方

土着微生物は生ごみ処理でも活用できます。仕込み方を参考にしていただき、近所の山から土着微生物を採取して、培養し、土着微生物４番をストックしておきます。

難しかったら、腐葉土または、落ち葉を集めて積んでおきます。それに米ぬかを混ぜて、発酵させれば代用できます。

いくつかの注意点をあげておきます。

水分の調整

畑で生ごみ処理を行う場合も、コンポストで生ごみ処理を行う場合も、水分の調整が大事です。生ごみの水分はしっかり落として使用します。特に冬場の温度が低い時期は、微生物の働きも鈍いので気をつけましょう。

水分の調整が必要なとき、乾いた土や米ぬかなどを活用するといいです。また、粉炭を入れると微生物の凄み処になり、温度も上がります。

畑に生ごみを埋める場合

穴を深く掘ってはいけません。水分がたまって、嫌気発酵の方向に行ってしまいます。浅く掘って、土をよくまぶすのがコツです。夏なら三日から五日ぐらいで分解して土のようになっていきます。このとき、土着微生物4番を混ぜれば、より早くよい発酵に導くことができます。

硬いものは避ける

骨や貝の殻など、硬いものは分解しにくいので入れないようにしましょう。

細かくする

大きいものは、細かくしたほうが分解が早いです。

〈コンポストを利用する場合〉　市販のコンポスト容器は、プラスチック製なので、嫌気発酵に行きやすく、あまりお勧めできません。しかし、使用するならば、土着微生物4番に加えて、土や落ち葉を入れ、しっかり水を切った生ごみを入れた後、よくかき混ぜます。生ごみを入れるときに、必ずこれを繰り返すなら、家庭菜園の堆肥として使用できます。

最近では、都市生活者の間で段ボールコンポストが注目されています。段ボールは、ボール紙の内側に波形の薄い紙を貼りつけたもので植物由来の自然素材。どこでも手に入りやすく、材質も水分を吸収しやすいので、プラスチックよりいいようです。使用する前に、きりやくぎなどで段ボールの側面に穴を多数開けると空気が入って好気発酵に導くことができます。

この場合も、土着微生物4番や土や落ち葉を準備して、箱の3分の1くらい入れ、生ごみを入れたら、よくかき混ぜるようにします。下からかき混ぜて、空気を入れてやるのが目的です。

こうして土のようになったら、肥料として花や野菜にやります。施すときは、掘って入れ込むのではなく、茎の周辺（葉っぱを広げた先端の真下付近）にまくような感じでいいでしょう。

有畜複合農業が理想

かつて日本では、どこの農家でも、牛や馬、豚、鶏を少しずつ飼っていました。牛や馬は農耕用としての働きがありましたが、同時にそこから出るものは堆肥として、畑に供給されてきました。また、家畜だけでなく、人の糞尿も下肥として、農業では貴重な資源でした。国によっては、下肥を忌み嫌うところもあるようですが、私たちの祖先は経験的にそれらが、農作物を育てるのによいものだということを知っていたから貴重だったのです。

現在の日本では、耕種作物と畜産は完全に分けられています。かつては貴重な肥料として大事にされてきたものが、「処理しなければならない」環境汚染物質になってしまいました。

自然農業では、有畜複合農業の小さな農業経営を理想として勧めていますが、現在の経済や物流、人々の食生活の変化などを考えると、昔とまったく同じ、自給自足農業が最適とはいえないかもしれません。

しかし、私は耕種と畜産を組み合わせて経営している自然農業農家を見学し、そのよさをたくさん見てきました。例えば、済州島のある柑橘農家は、養豚も行っていました。有畜複合農業のよさは、まず経営の安定です。柑橘は、品種で収穫期間を延ばすことができても、年中収入があるわけではありません。また、天候不順などの影響もあります。豚の一貫経営で、定期的に収入があることで、安心して柑橘栽培にも取り組むことができます。

また、豚舎から出た土着微生物の極上堆肥を柑橘園に施しているので、収量が多いのです。果実はつやがあって、糖度も高く、うま味のある味になっていました。

また、養鶏と稲作を組み合わせている人もいます。稲作で出てくる副産物、稲わら、米ぬか、もみ殻などは、自然養鶏においては大事なものですから、自給できれば生産費が節約できます。鶏舎から出てくる鶏糞は極上の肥料になります。また、消費者との交流を行っている農家は、畑や田んぼでの体験だけでなく家畜とのふれあいは喜ばれます。

一軒の農家で取り組むのではなく、地域で畜産農家と稲作、畑作、果樹農家がグループをつくって、お互い副産物を交換して、品質の良い農畜産物を生産、販売するのもいいと思います。

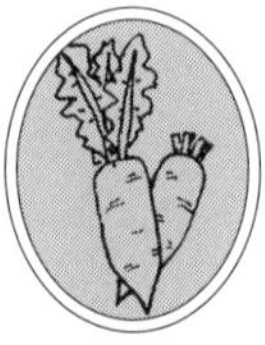

発酵の知恵を活かす

天恵緑汁

自然農業で使用する自家製資材には、発酵の知恵が活かされています。天恵緑汁《てんけいりょくじゅう》は植物を黒砂糖で漬け込み、発酵させて抽出した酵素液ですが、趙漢珪先生は、キムチづくりからヒントを得たそうです。昔、種をキムチの汁を薄めた液に浸してからまくのを見たそうです。そうやって植えつけた作物はしっかりと元気に育ったそうです。

キムチは白菜などを塩で漬けてつくりますが、乳酸菌が豊富なことでも知られています。天恵緑汁は、それを塩ではなく黒砂糖にして、ヨモギやセリを漬け込みます。黒砂糖には豊富なアミノ酸が含まれています。しばらくして発酵すると微アルコールが発生します。それによって葉緑素が溶け出します。葉っぱの色が濃い緑から、薄茶色に変化することでわかります。この発酵した天恵緑汁には乳酸菌や酵母、植物酵素などが含まれています。

趙漢珪先生は「天恵緑汁は、発酵させることでヨモギやセリの精気を取り込みます」と言います。天恵緑汁を散布することによって、それらの微生物や酵素が作物そのものを元気づけ、同時に土の中の微生物も活性化させるということです。ですから天恵緑汁は、種を浸したり、苗を植えつける前に浸したり、ほ場の環境を整えたりするときに散布したり、成長のそれぞれのステージで散布します。

天恵緑汁は、仕込む材料によって、使用する時期が違います。例えば、ヨモギやセリ、タケノコなどは、作物の栄養成長期に使用します。アカシアの花やアケビなどの果実でつくったものは、交代期以降に使用します。

ですから、目的の作物の栽培暦に合わせて、何種類か準備して保存しておき、必要なときに取り出して散布するのです。

ヨモギなどを漬け込むと、１週間くらいで汁が浮き出る

汁を容器やペットボトルに入れ、冷暗所で保管する

希釈した汁（天恵緑汁）をニンジン畑に散布する

乳酸菌血清

自然農業では、乳酸菌も地域の乳酸菌を自家培養して、栽培や畜産に活かします。乳酸菌というと、人間の腸内で有用な働きをしている細菌の一種として知られています。乳酸菌は土の中でも作物の健康を保つために大切な働きをします。

また、自然農業の畜舎の発酵床、特に豚舎の発酵床には、非常に多くの乳酸菌が棲息していることが明らかになっています。子豚の下痢止めに飲ませたりもします。

乳酸菌の培養は、お米の最初のとぎ汁をビンかペットボトルに入れて、紙のふたをして4～5日置いておきます。すると、とぎ汁の米ぬかに周辺の乳酸菌が寄ってきて増えます。甘酸っぱいにおいがするようになったら、この液を1として、牛乳10の容量に混ぜます。すると、栄養分豊富な牛乳によって繁殖が旺盛になり、炭水化物、タンパク質、脂肪が固まって上に浮き、下に薄い白い液が分離されます。上のチーズ状のものを取り除き、下の液を取り出して保存します。自然農業では、この液を乳酸菌血清と呼んでい

乳酸菌血清。発酵させた米のとぎ汁を牛乳に入れてつくる

ます。冷蔵庫で保存します。
乳酸菌は天恵緑汁や漢方栄養剤などとともに1000倍に希釈して散布します。

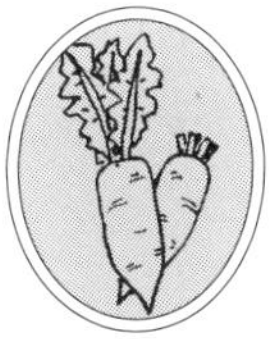

潜在能力を引き出す

成長点の力を活かす

自然農業では、作物が元から持っている潜在能力を引き出すように栽培します。特に葉や芽の成長点は、細胞分裂が活発なので、新陳代謝が旺盛です。これは環境適応能力に優れています。この力を活かすように栽培するのです。しかし、近代農業といわれる方法では、この成長点の力を信じることもなく、むしろ抑える方向に向かっています。

稲作を例にすると、種もみには、土の中に落とされると、根を出し、芽を出す力と栄養分が含まれています。しかし、一般的には、浸水をして、芽出ししたものを播種します。浸水すると、水の中に大事な栄養分が流出してしまいます。

自然農業では浸水はしません。農薬による消毒の代わりに温湯消毒はしますが、引き上げて、すぐ播種します。発芽を促すための加温はしません。「若いうちの苦労は買ってでもしろ」という言葉がありますが、まさに種子のときから鍛えるのです。

こうして育てた苗は、発育が多少遅くても、病気もなくしっかりとした苗に育ちます。

別の例として、作物の根について考えてみましょう。根の先端も成長点です。活発な細胞分裂をして、硬い土を突き抜け、伸びていく力を持っています。たくさんの側根をつくる力を持っています。

ところが、一般的に野菜や果樹の苗を植えるときには、土を耕うん機で耕します。耕したところは深さ20～25センチぐらいです。そこに植え穴を開けて、化学肥料を入れ、苗を植えます。化学肥料もすぐそばにあり、耕された軟らかい土という環境のもとでは、最初は根が伸びやすいかもしれません。しかし、その下の硬い土に当たったとき、どうでしょうか？　今まで、何の苦労もなく伸びた根にとって硬い土は、悪い環境ということになり、根は下ではなく、横に伸びてしまいます。このような根の成長が、地上部の成長に影響するのです。

自然農業では、機械による耕うんはなるべく行わず、土着微生物の活用によって基盤造成を行います。植え穴も浅く掘り、化学肥料は使いません。自然農業の自家製資材による種苗処理液に苗をどぶづけし、植え穴にもまいておきます。苗を置くと土をかけてやります。多様な微生物の環境が整った中で、根はしっかりと活着し、発育します。根の成長点の力を信じる方向です。こうしてしっかりと根を張って、側根もたくさん出た作物の地上部は、とても健康に育ちます。

もう一つ例をあげると、ボカシ肥料（米ぬか、油カス、骨粉、魚粉など動植物由来の成分を含んだ肥料）などを与えるときは、根のそばではなく、根が伸びる先あたりに施します。果樹の場合ならば、枝を広げた先の真下あたりです。そうして、肥料があるほうへ根が伸びるように誘導するのです。

このようにして栽培した野菜や果物は、しっかりと充実し、味に深みがあります。自然農業というと、小さいとか、収量が少ないというイメージを持つ方が多いのですが、土着微生物を活用し、発酵の知恵を活かし、潜在能力を引き出す栽培をすると、むしろ、驚くほど大きいものや、収量が多いものもあります。味がおいしくなることは間違いありません。

また、天恵緑汁は成長点の力を活かした自家製酵素液です。

潜在能力を引き出す畜産法

自然農業では、畜産においても随所に潜在能力を引き出す飼育法が行われます。

例えば養鶏において、自然養鶏では、孵化場から来たヒナの最初のエサは玄米です。自然農業の育雛箱の前に山盛りにしておきます。一般的にヒナのエサといえば細かい粉状のエサですから、「玄米をやる」というと、驚いて信じない人がいます。しかし実際には、ヒナは、最初は恐る恐る近づきますが、誰かが食べると、次々にみな食べ始めます。ヒナののどをさわると、玄米でごろごろするほど食べています。これは、育雛環境がバタリーなどのように金網の上ではなく、土の上での平飼いなので、ヒナたちが思う存分動き回れる環境であるということも大事な条件です。玄米は、肉鶏では1日以上、産卵鶏では3日以上食べさせます。

さらに、笹の葉を刻んで食べさせます。こうしてヒナのうちから、硬いものを消化する丈夫な胃腸に育てるのです。人間の免疫細胞は60パーセントが腸に集中しているそうです。家畜も、健康の第一の条件は胃腸が丈夫なことです。

また、このようにヒナのうちから胃腸を鍛えると、草など自家製飼料を喜んで食べる鶏にすることができるので、経済的でもあります。

同じく自然養豚では、コンクリートではなく、オガクズ、土、自然塩、土着微生物でつくられた発酵床の上で子豚のときから肥育されるので、肩の骨が強くて、筋肉のしっかりした体になります。

発酵床がさらさらできれいなので、青草などを直接投げ入れても汚れず、豚は喜んで食べます。子豚のうちから青草を食べる習慣が身につくのです。養鶏と同じく、自家製飼料を食べる、丈夫な胃腸は、健康はもちろん、経済的でもあるのです。

作物や家畜の側に立って栽培、飼育

効率を求めるあまり、不自然な農産物が

農業は経済行為です。経済的に成り立たなければ意味がありません。しかし現在の農業は、あまりにも経済性を優先させたため、作物や家畜の生態を無視したやり方が多くなっているのではないかと思い

ます。

例えば、リンゴやイチジクなど果樹の矮化《わいか》栽培（あまり大きくならないように接ぎ木の台木に矮性種を用いた栽培方法）。農家の高齢化問題、人手不足問題の解決方法として、省力をめざした栽培方法なのでしょうが、作物を自分の子どものように思って育てるとき、これが作物への愛情とは思えません。

また、水耕栽培はどうでしょうか？　いくら無農薬をうたっても、土から離れたものを農作物と呼べるでしょうか？　最近では、水耕工場ともいうそうです。温度や明るさを電気で調節して、必要な栄養素はすべて入った溶液で育てるのです。もし、必要な栄養のサプリメントと水を食卓に出されたら、あなたはそれをおいしく食べることができるでしょうか？

１グラムの土の中には微生物が１００万種、数にして数十億個も棲んでいるといわれています。土は微生物の固まりといってもいいのではないでしょうか。そんな生きた土で栽培されてこそ、生命力あふれる農産物になると思います。

動物の権利を無視した飼育法が蔓延

新型コロナウイルスの感染が蔓延し、「三密を避けるように」といわれています。密閉、密室、密接の三密です。マスクの着用とともに、広く呼びかけられたのが、部屋の換気です。換気がよければ、ウイルスは消えていくことがわかったからです。感染した患者を受け入れた病院で、換気をしなかった病院は感染が広がってしまったのに対し、換気をまめにした病院は、一切感染が広がらず、患者も完治したという報告があったからです。

この話を聞いたとき、長年、趙先生が主張してきたことが、きれいに証明されたと思いました。趙先生は「人間は食べることは、2、3日できなくても生きていけますが、呼吸は2~3分できなくても死んでしまいます。植物や動物にとって呼吸は何よりも大切なんです」と言いました。ですから、ハウスの換気をよくするためには、天窓が必要というのです。自然農業式ハウスは天井の天辺がスリットのように開いている天窓です。側窓を下から35センチの高さまで開けて、空気を取り込み、天窓から抜ける構造になっています。部分的に開いている天窓では十分な換気はできないといいます。ましてや、天窓もなく、換気扇だけで換気しようとしても無理です。

鶏舎や豚舎などの畜舎も同じです。最も近代的な畜舎といわれているのが、ウインドウレス畜舎です。その名の通り、窓がありません。室内の温度を空調で管理し、換気扇で換気をします。電気で明るさを調節して、養鶏の場合は産卵を促したりします。

しかし、基本的な建物だけが問題なのではありません。産卵鶏舎においては、日本の92パーセントはバタリーケージで飼育されています。金網で仕切られ、一羽当たりの面積は、B5サイズ、iPadサイズで、鶏は身動きもできません。当然ストレスが溜まりますから、隣の鶏をつつきます。そこでつつかないように、ヒナのうちから嘴を切るのです。床の金網は産んだ卵が転がって行くように傾斜がつけられています。

糞尿は下に落ちて集められ、ベルトコンベアーで運ばれて行き、集められて処理をするシステムになっていますが、悪臭から逃れることはできません。なぜなら、このような環境で育っているので胃腸が丈夫でなく、消化が十分でないので、糞そのものが臭いのです。その臭気を一日中嗅いでいるのは、鶏たち本人です。

そのような環境で、まさに「三密」状態で、病気にかかりやすくしておいて、病気にかからないように、ヒナのうちからワクチンを20種類以上も投与します。さらにエサには、抗生物質を、飼料用添加剤として混合してやります。本来、抗生物質は感染症の治療薬なのに、エサに混合するのは、成長促進になるからです。飼料効率を上げて、少しでも利益を増やそうということなのでしょう。

本来寿命が10年くらいの鶏を、卵を産ますだけ産ませて、2年くらいで廃鶏にします。廃鶏になった鶏の解剖を行ったら、内臓がボロボロになっていたそうです。いくら経済行為である家畜だとしても、ここまで鶏をいじめていいのでしょうか。

養豚においても、ほぼ似たような状況です。コンクリートの床に、身動きもできないほど、ぎゅうぎゅうに詰め込まれ、ウインドウレスですから、同じく「三密」です。病気になるような環境で育てて、薬漬けにします。私は、ある養豚場で注射器の針が入らないと、農場主が嘆く母豚を見ました。首回りが、あまりにもたくさん注射されたために硬くなってしまった、その母豚を見て、思わず涙がこぼれてしまいました。そして、こんなにも人間中心の飼い方でいいのかと、疑問に思わずにはいられませんでした。

糞尿処理問題を解決できるのは自然農業だけ

そして養豚にしろ養鶏にしろ、出てくる大量の糞尿を処理するために大きな資金を投入して設備を備えなければいけません。一般的に、飼育施設と同額の糞尿処理施設が必要といわれています。5000万円の施設なら5000万円の処理施設が、1億円の施設なら1億円の処理施設が必要なのです。

自然農業の養鶏、養豚なら、このような糞尿処理施設は必要ありません。すべて畜舎の中で微生物が分解して処理してくれます。これ以上の環境保全型の施設はないのではないかと思っています。

ヒナのときから硬い笹などを食べさせる

天窓構造。太陽光線が舎内の隅々まで入る

畜舎は常に換気され、家畜にはストレスがない

開放型の畜舎の中で、鶏や豚は、行きたいところに行くことができます。トタン屋根が熱せられると、天井付近の空気が暖められ、軽くなって天窓から抜けて行きます。すると側面から外気が自然に引っ張られて、天窓に抜けて行きます。こうして対流が起きるので、畜舎の中は常に換気されます。電気も使用しません。夏涼しく、冬は発酵床で温かいので、天然の空調です。

運動もできて、ストレスがないので、健康です。結果的に薬の投与の必要もありません。鶏は砂浴びもできて、虫の心配もありません。

いかにストレスがないかは、畜舎を見れば、すぐわかります。豚たちは、のんびりと昼寝をしています。鶏舎では、近づいても鶏たちがあわてて逃げるということがありません。全体に広がって、おのおのが平和に過ごしています。

海外ではケージフリーが当たり前の方向に

日本では、前述のように産卵鶏のケージ飼いが92パーセントと、圧倒的に多いので、これを当たり前のように思っているかもしれません。あるいは、消費者の人たちは、ここまで鶏をいじめて、安い価格が保たれている卵の、飼育方法には、あまり関心がないのかもしれません。安全な食べ物に関心のある生協や有機農産物の物流会社の会員の方たちは、遺伝子組み換えではないトウモロコシを使用しているかどうかなど、エサの内容にしか注意していないように思われます。

海外では、ケージ養鶏は動物愛護の観点からよくないということで、規制が設けられたり、禁止されたりしています。例えば、ＥＵでは、飼育方法によって卵に識別番号がつけられています（０：有機飼育、１：放し飼い、２：平飼い、３：ケージ飼い）。２０１２年からバタリーケージを禁止、２０１９年には、ケージフリー飼育は52・２パーセントになっています。

国別に見ていくと、イギリスはケージフリー飼育が64・８パーセントに、フランスはケージ飼育そのものは禁止されていないが、ほとんどの大手スーパーがケージ卵の全廃を表明しています。ケージフリー飼育は39・２パーセントです。オーストリアでは、違法となっているので、ケージフリー飼育は99・２パーセントです。ドイツは87・２パーセント。ポーランドは88・４パーセント。イタリアは88パーセント。スイスは動物福祉法により、ケージ飼育は許可されず、したがって１００パーセントです。

アメリカはカルフォルニア州など九つの州でケージ飼育が禁止され、２０２０年のＵＳＤＡ（米国農務省）の発表によると、全体で26・２パーセントがケージフリー飼育になりました。

その他、カナダ、オーストラリア、ニュージーランド、ブータンなど、禁止または、規制していく方向を打ち出しています（ウェブサイト e-niwatori.jimdofree.com より）。

日本で動物の権利を守るアニマルウェルフェア（動物福祉＝快適性に配慮した家畜の飼育管理）の考え方を広げるには、消費者の人たちが、自分たちの安全性だけを求めるのではなく、飼育方法にも関心を持って、家畜とともに生きるという視点に立って、声を上げていかなくてはならないと思います。

4 章

安全・美味の農産物を届けるために

姫野 祐子

自然農業のトマトで消費者に健康を届けたい

澤村輝彦さん（熊本県・肥後あゆみの会代表）

ＪＲ九州・鹿児島本線「松橋」駅で降りて、５分ほど歩いて行くと、白いビニールハウスがあちこちに列をなして並んでいます。ハウスの中へ入って見ると、ずらっときれいにトマトが並んでいて、はるか何十メートルも先まで続いています。その黄緑色の葉っぱの中に、真っ赤なトマトがつややかに実っています。それを通路ごとにテキパキと収穫している人たちがいます。ハウスにいい香りが広がります。

「すべて自然農業で栽培しています」と話してくれたのは、熊本県宇《う》城《き》市の澤村輝彦さん（60歳）です。大玉トマトとミニトマトを合わせて、５ヘクタール栽培しています。

水俣の運動から、有機農業をめざす

澤村さんは、学校を卒業後20歳で就農、父親とともに働いていましたが、環境問題や食の安全に関心を持ち始め、１９８５年に有機農業と慣行農業の二本立て経営を始めました。

「熊本は水俣の問題がありました。そのことを考えると、これからは有機農業に取り組まなければと思

ハウスで天恵緑汁などを散布する澤村輝彦さん

いました」と打ち明けます。水俣の支援運動、有機農業運動に取り組む人たちとの交流の中で、それらを買って食べる消費者の人たちとも出会い、進む方向が自然と決まりました。

そして、1990年すべてのほ場を有機農業に転換しました。この間、各種の農法や微生物資材の取り組みをしました。2001年に、地域への貢献、人材育成などを考え有限会社「肥後あゆみの会」を四人の仲間とともに設立しました。

自然農業との出会い

2006年、自然農業基本講習会を受講し、趙漢珪先生の講義に感動しました。

「自然の恵みに感謝し、自然を活かした農業こそ、私の取り組むべき農業だと思いました。微生物も地元のものを使います」

以来、自然農業への取り組みを徹底して行いました。土着微生物を培養する場所は、屋根のある広い場所で、ユンボも使いますが、下は土の床です。それは趙先生の「土着微生物を培養するときは、決して土と縁を切ってはいけない」という教えに従っているからです。

さらに、山積みした土着微生物を培養するときには、外につながっているパイプが何本も通っています。好気的発酵を促すためです。「こうするようになって、土やトマトが断然良くなりました」と言います。

「自然農業に携わり、私が特に感じることは、農業が楽しくなったことです」と澤村さんは言います。「目に映らない土壌中の生物がどんな働きをしているのか、そのことによって、作物の健康状態がどうなるのか、をとっても、数字、分析では解決できないことばかりです」

だから面白いと、言うのです。

土着微生物のボカシ肥料をつくる場所の隣の倉庫は、出荷場ですが、保冷庫の中には大きなかめが置いてあり、ヨモギやタケノコ、海藻などの天恵緑汁が保管されています。当帰《とうき》、甘草《かんぞう》、桂皮《けいひ》、ニンニク、ショウガを焼酎に漬け込んだ漢方栄養剤もあります。これら天恵緑汁、漢方栄養剤、玄米酢をそれぞれの倍数で希釈して混合した処理液を、1週間に2回くらい散布します。

さらに海水も活用しています。

「海水はいいですよ。いろいろな微量要素が含まれています。トマトの糖度やうま味を出しているのは、この海水のお陰だと思います」

澤村さんが住んでいる宇城市は有明海のそばです。きれいな海水を汲んで、タンクに保管しておきます。海水は腐りません。必要なときに取り出して、30倍に薄めて散布します。

堆肥は3年熟成させた野草堆肥

澤村さんは、家畜の堆肥は使用せず、草だけでできた野草堆肥を使っています。材料は近くの河川敷で刈られた草を使用し、空き地に積んだだけです。3年もすると、土のように変わります。この堆肥を使うようになって、畑に病虫害が減ったような気がすると、澤村さんは言います。

自然農業に取り組み、土着微生物を活用することで、トマトの病気が減り、品質も向上しました。

土着微生物を仕込んだ自家製肥料

自然農業の学習会で参加者に説明する澤村さん（右前）

新しく建てたハウスで周年出荷が可能に（熊本県八代市）

微生物の世界の奥深さを感じながら

澤村さんは「われわれ農家が動物、植物を育てることの奥深さを感じています。愛情を持って育てることはもちろん、品質、収量、栄養価、安全性、どれをとっても大切なことですが、土壌中の生物がすべてをつかさどっているような気がします」と言います。日々、農作業を行いながら、気づくことが多いそうです。

このようにして育てたトマトは、消費者たちからおいしいと認められているのはもちろんですが、2017年、オーガニックフェスタでも高く評価され、大玉部門で最優秀賞を受賞しました。澤村さんのトマトは、糖度、ビタミンC、抗酸化力に関して大変高い値になりました。また、硝酸イオンにおいては、検出限界値以下という非常に低い値でした。化学肥料を使用していたらありえないことです。

また、食味に関しては、皮はシャキシャキとした、やや硬めの食感で、甘味が非常に強く、うま味と同時に酸味もしっかりと感じられ、さわやかな甘酸っぱさが非常においしいという評価でした。これは総評コメントです。このように、安全性だけでなく、栄養や食味も含めて総合的に評価され、最優秀賞を取得できたわけです。

オーガニックフェスタには2018年も出展し、同じく最優秀賞を取得しました。2020年には農水省の「持続可能な農業推進コンクール」において、肥後あゆみの会が、有機農業・環境保全型農業部門で生産局長賞を受賞し、その実績が認められました。

出荷先は生協、百貨店、自然食品店、スーパー

澤村さんのトマトは、生協、百貨店、自然食品店、スーパーに出荷されています。トマトジュースやケチャップ、ソースなどの加工品もつくっています。味の濃さが評判です。

最近、澤村さんは、宇城市の南の八代《やつしろ》市と阿蘇の産山《うぶやま》に新たにトマトのハウスを建てました。少しずつ温度が違う土地で栽培することで、トマトを一年中供給することができるようになりました。

「有機の認証を取っているトマトを、年間を通して供給しているところは、どこにもありません」と自

ミニトマト。甘くてうま味に定評がある

澤村さんは「次世代に技術をつなぎ、仲間を広げたい」と抱負を語る

信を持って話してくれました。オーガニック市場も、かつてのように、ただ安全でさえあれば売れる時代は過ぎました。おいしさと流通も考慮した販売の確立が求められているのです。

「若い人たちをどんどん養成したい」

今、澤村さんが考えていることは、この自然農業を若い人たちにどんどん伝えていきたいということです。すでに澤村さんの農場では、何年か研修生や従業員というかたちで働いた後、独立し、自分の農業を始めた人たちがいます。

そんな新規就農した一人である熊本の清村繁喜さん（46歳）は、「始めた頃、自然災害にもあい、また販売先にも苦労もしました」と言います。農家として安定するまで、青年就農給付金（年150万円）を受け取ることができたのも助けになりました。

「自然農業に取り組んでよかった」と言います。「なにより自然の材料を採取してつくるのが面白いし、土着微生物を使ってのボカシづくりも面白い」とも言います。また、取り組みを通して、澤村さんをはじめ、さまざまな人間関係が生まれたことに感謝しているそうです。

同じく新規就農した守屋伸彦さん（44歳）は、始めた頃、澤村さんが従業員の人たちとみんなで来て、ハウスを建てるのを手伝ってくれたそうです。「澤村さんから学ぶことは多いです」と打ち明けます。

澤村さんは「今、世界中でコロナウイルスが問題になっています。私たちが毎日ふれている土壌も菌の固まりです。有効な微生物が繁殖していく土壌を育てることこそ農家がしなければなりません。そのことを、趙先生から学び20年が経ちました。土着微生物1番から5番、天恵緑汁などで作物を栽培してきましたが、自然農業こそいろいろな問題を解決してくれそうです」と言います。

出荷先も年々拡大し、大玉トマト4～6月、日量4～5トン出荷しています。品質、収量、栄養価も高く、日持ちするといううれしい評価ももらっています。最後に澤村さんは「今後は、次世代の若者へ技術を継承してもらい、仲間を広げていきます」と語ってくれました。

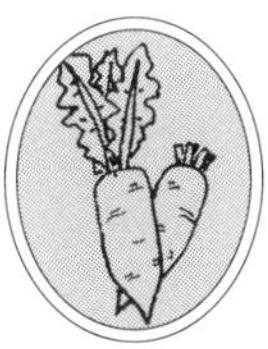

生命力のある卵の生産で第二の人生を

崔甲植さん　（韓国抱川市・抱川統一トゥレ農場代表）

崔甲植《チェカプシク》（56歳）さんは、韓国ソウルの北部、抱川《ポチョン》市で産卵鶏４０００羽を飼育しています。もとは軍人です。中国北京大学を卒業し、北京に長く住んでいましたが、北朝鮮の農業問題を解決するには土を改善するしかないと思い、軍を辞めた後、研究している中で自然農業を知ることになりました。

「私にとって趙先生との出会いが第二の人生の始まりでした」と言う崔さん。自然農業の魅力に取りつかれ、夫人とともに自ら自然養鶏を始めることになりました。

薬品類を一切投与しない自然養鶏

「自然養鶏のすばらしさはいろいろありますが、その一つは、ヒナから成鳥になるまで、ワクチンなど薬品類は一切やってないことです」と言いきります。唯一使っているのは、卵黄油で、それを治療薬としているそうです。8月、蚊が多くて鶏痘になったとき普通はワクチンを投与するのですが、卵黄油を目のまわりに塗ってやると一切出ません。原料の卵はもちろん、崔さんの農場の卵です。一般の卵でも治ることは治りますが、効果が全然違うと言います。

「韓国にBBQという鶏の丸焼きを売っているお店がありますが、そこで使用されている鶏肉は、35日で1・5から1・8キロにしたものです。その鶏は1週間に9回もワクチンを打ちます。ですから出荷するまでに40回、薬をやるということです」と言います。韓国のチキンは日本人旅行者にも人気です。安さの裏にはこんなこともあるんですね。それにしても投薬量の多さに驚きます。

「韓国では65歳までにがんにかかって死んだ人の率が35パーセントといわれています。さっき話したブロイラーの生産者は自分では食べないそうです。12万羽産卵鶏を飼っている農家が、うちに来て卵買っていきますよ」とのこと。これに似た話は日本でもときどき聞きます。販売用の野菜はしっかり農薬をまき、自家用の畑にはまかない農家の話。でももっと怖いのは、自家用の畑にも農薬をまき、「ちゃんと消毒してあるから大丈夫」と言って、何の疑問も持たずに平気で食べている農家の人たちではないかと思います。

平飼いの鶏舎。発酵床の状態がよく、温度は冬場でも35 ～ 40度まで上がる

自然養鶏では、抗生物質やワクチンの代わりに、玄米酢や漢方栄養剤をやります。リン酸カルシウムもやります。病気にならないように、丈夫な胃腸にし、免疫力を高める飼養方法と、先人からの知恵で、健康でおいしい、生命力のある卵を生産しているのです。

エサに入れた土着微生物が糞を分解する

「次の特徴は、鶏舎の中に入っても全然臭くないということです」。崔さんは約4000羽飼っています。普通の鶏舎だったら、500メートルくらい離れていてもにおってきます。なぜ、におわないのでしょうか?

まず、鶏が床の土着微生物を食べます。またエサの中にも土着微生物を入れて発酵させたものを食べさせています。内臓が丈夫で、しっかり消化するのでにおいはなくなります。鶏が糞をして3時間もすると微生物が分解するので、鶏糞のにおいがなくなってしまいます。試しに床の糞を手に取ってみると、まったくにおいがしないので驚きます。

抱川は冬場零下27度まで下がります。それでも鶏舎の窓は開放しています。天窓も開けています。暖房はしません。それでも鶏舎の床は35～40度まで上がります。床が発酵しているのでその発酵熱で暖かいのです。

その発酵床で鶏は砂浴びをします。砂浴びでダニや寄生虫を払い落とします。一般的なケージ飼いではそれもできません。砂浴びをするときの鶏の気持ちよさそうな顔を見ると、精神的なリラックス効果もあるようです。

ストレスのない快適環境で鶏糞が増えない

「第三の特徴は、鶏糞が増えないということです」と述べます。3年から5年に一度、外に出して、堆肥として使用します。普通のケージ養鶏では毎日糞を取り出して掃除しなければなりません。それとは比べものになりません。自然養鶏の発酵床は、鶏の健康はもちろん、飼う農家の労働力の削減にもなり、さらに周辺の環境を汚染することもありません。

自然養鶏の発酵床の原理は土着微生物によるものですが、その環境を説明すると、鶏舎の構造が大きな意味を持っています。屋根は鉄板なので熱いのですが、天窓が開いているので、風が抜けて常に対流が起きています。したがって中は涼しいです。雨も入りません。常に換気が行われ、新鮮な空気が供給されています。

鶏舎は南向きで、東西に棟が並んでいます。朝一番の太陽光線が差し、太陽の動きによって、日の当たる場所が、東から西に移動して行きます。鶏舎内に病原菌や寄生虫はこれで発生しません。

鶏舎の中に、日陰のところと日向のところがあるので、鶏たちは自由に、自分の好きなところを歩き回ることができます。鶏にストレスがないことも健康の大事な条件です。

この環境は、鶏はもちろんですが土着微生物にとっても快適な環境なので、活発に活動でき、よい発酵になるのです。

卵は黄身、白身で盛り上がり、表面につやがある

鶏を解体すると、小腸と盲腸だけで２メートルの長さになる

鶏糞をかいでみてもまったく臭くない

一個100円の卵が好評の理由

価格は、30個で約3000円です。一個当たり約100円になります。販売先は、消費者グループや個人に直接配送しています。その中でも最も大きなグループはがん患者の方たちの団体です。食べ物にこだわって回復をはかろうという団体で、ある日、会長から電話がかかってきたそうです。すごい卵があるということで、信じられずかけてきました。普通の卵とどこが違うのか。なぜ一個100円もするのか？　崔さんは、土着微生物に始まり、自家配合のエサの話、生命力の強い食べ物を食べることの意味など、自然養鶏について説明しました。通話は1時間半もかかりました。最後には、ぜひ一度、私どもの集まりに来て、直接会員に話をして欲しいと、言われたそうです。

そこで集まりに出かけて見たら、たくさんの会員の方たちが集まっていて驚きました。その集まった方たちに、同じように自然養鶏の話をして、持って行った卵も、試食してもらいました。崔さんの話にも感心し、直接その卵も食べてみて、生でも臭みもなく、味に深みがあり、おいしいと大好評でした。こうして定期的に会員の方たちに卵を送ることになりました。会員数は3000人です。

会員の方たちの注文メールを見せてもらいました。「生で食べてもとてもおいしいです。今まで生協の卵をとっていましたが、比較になりません」。「小学校2年生の息子が喜んで食べるので、次から2箱送ってください」「息子家族にも食べさせたいので、3箱送ってください」などなどです。

韓国では、これまで、日本のように卵かけごはんを食べる習慣はありませんでした。昔は食べたそうですが、生臭いということでだんだん食べなくなったそうです。しかし崔さんの卵がおいしいので、その生命力を最も感じる生で食べることが広がったようです。

「末期がんの人の唯一のタンパク質源として、私の卵を食べていただいています」とうれしそうに話します。また、「もっと多くの人たちに、健康になって欲しい。健康問題を含めて、解決できるのは自然農業しかありません。誇りを持ってこの仕事ができるのが幸せです」と語ってくれました。

ソウル市における都市農業の取り組み

私たちの体の腸内微生物フローラが変わってしまった原因は、幕内氏の指摘のように食生活の欧米化が大きいと思いますが、自然から離れた都市生活にも一因があるのではないかと思います。地方でもそれに準ずると思います。具体的には「土」から離れてしまっていることです。道路はもちろん、住宅もアパートやマンションが多く、空間があれば、庭ではなく駐車場にします。

昔は子どもの遊び場といえば近所の空き地や公園、神社など、地面は土でした。私も子どもの頃は、裏山や稲刈りの済んだあとの田んぼで走りまわっていました。おはじきの陣取り、けんけんはもちろん、泥遊びもしました。しかし、現在は学校の校庭や公園も土ではなくなり、土にふれる機会が減ってしまいました。私たちの食べ物はすべて土からできています。そのことを忘れてはいけません。

自然農業などの環境保全型農業も推進

ここでは、ソウル市の都市農業を紹介し、新しい農業のあり方、新しい消費者のあり方を考えてみたいと思います。都市農業でも自然農業が人気です。参考資料は、２０１９年ソウル市都市農業支援センター発行の「都市農夫《ノンブ》（ファーマー）自然農業教室」教科書と韓国農村振興庁ホームページです。

＊

都市農業とは

都市農業とは、都市の中の小さな空き地で野菜や花を育てることをいいます。都市の中の農業というと、非効率的に思えるかもしれませんが、そこにはさまざまな可能性が含まれています。いくつかの例をあげます。

①共同体の回復、ヒーリング効果
②都市内での農産物生産
③ヒートアイランドの緩和、生態系の回復
④雨水循環の促進、空気の浄化
⑤これらを通した社会的費用の削減
さらに都市における社会問題の解決にもつながる点もあげられます。
⑥高齢者や障碍者など、都市における疎外階層

⑦食料自給、緑地確保
⑧都市の青少年への食育
⑨学校内での農作業は、生徒たちのストレス解消及び、進路選びの助けに

普及の取り組み

これらの目的を達成するために、農村振興庁や農業技術センターでは、セミナーの開催などさまざまな取り組みを行っています。また関連団体も、専門人材養成機関として、ソウル市農業技術センターなど7か所、都市農業支援センターとして、空き農地普及所など5か所、非営利活動法人が13か所、非営

都市農夫自然農業教室で講義する趙漢珪先生

教育プログラムで土着微生物を仕込む

自然農業の各種資材づくりを実習

利民間団体として、都市農業ネットワークなど14か所があります。

自然農業では教育部門で深く関わっており、趙漢珪先生も講師として指導してきました。

空き農地の開発としては、空き地（225か所）、ビルの屋上（338か所）、学校農園（250か所）、箱庭（14万8000か所）などがあります。また、共同住宅における農園の開発も計画されており、2023年までに38か所を造成する予定です。

もちろん、遊休地や公園、専用農地の活用も進められています。

その成果もあってか、普及が進んでいます。

2018年、韓国の都市農業従事者は212万人だったのが、2020年には14倍の3000万人に増えています。農地も2011年に29ヘクタールだったのが、2018年には177ヘクタールに増えています。

都市農業がめざすもの

ソウル市の取り組みの特徴は、これまで生産者と消費者をつなぐかたちは、農家が組織する個人主導型、生協が行う生協並行型、生産者組織主導型ではなく、自治体主導型であることです。

都市農業を推進するうえで土地問題を個人が解決するには限度があります。予算や行政の支援なしには難しいでしょう。また、都市農夫として登録し、会員制にして推進することで、組織的に進めることができます。単に野菜づくりを楽しむだけでなく、それらを集めて販売し、消費者に提供するところまで支援するのです。

老人福祉館の屋上で、野菜の苗を植えつける

また未来都市農業のモデルとして「都市型スマートファーム」造成を5か所、2020年から運営を始めるために予算を約1億4550万円計上しています。

有機農業、自然農業などの環境保全型農業の推進も行っており、ソウル市に4か所、ソウル市へ水道水を送っている八堂《パルダン》上水源地域に14か所、農地の分譲を行っています。

生産者と消費者の共同農場の実現に向けて

もう一つ注目すべき活動として、「共同農業」を2023年までに12か所つくることで予算を約2000万円計上しています。この共同農業は英語ではCommunity Shared Agricultureと表記されており、CSAと略されますが、世界各地で広がるCSAは、Community Support Agricultureの略で、一般に地域支援型農業と訳されます。ソウル市の取り組みは、自転車や自動車、事務所、住宅などをシェアする共同経済の発想からきています。

これまで、都市の空き地を活用した週末農園や農家の農作業を手助けする奉仕活動、都市のファーマーズマーケット、農家が消費者を招いて行われる農業体験などの交流事業などがありましたが、これを発展させたかたちです。生産者農家と消費者が共同出資をして農場を経営するというものです。農家は土地及び施設を貸与、農業技術や知識を教えます。消費者の要望に応じて、生産し、価格も協議して決めます。消費者は投資と消費で参加します。もちろん、農作業もし、農家との交流もします。特徴は、農家と消費者の間にファームメイトという活動家を置くことです。アメリカ型のＣＳＡは、生産の間接費と固定費の負担や、消費者の負担などに課題があったのに比べ、宅配システムが整っている韓国では、どこへでも半日で届けることができ、送料も安いのです。

以上、ソウル市の都市農業について紹介しました。日本でも同様の取り組みがありますがまだ少なく、個人や民間団体によるもので、行政がこれほど積極的に推進しているところはほとんどありません。コロナ禍で失業者が増えています。一方で後継者がいない農家の問題、都会での孤独死問題、さまざまな社会問題の解決法の一つに、都市農業の可能性があるのではないかと思います。

5 章

食生活を歪ませた食品の「工業化」の弊害

幕内 秀夫

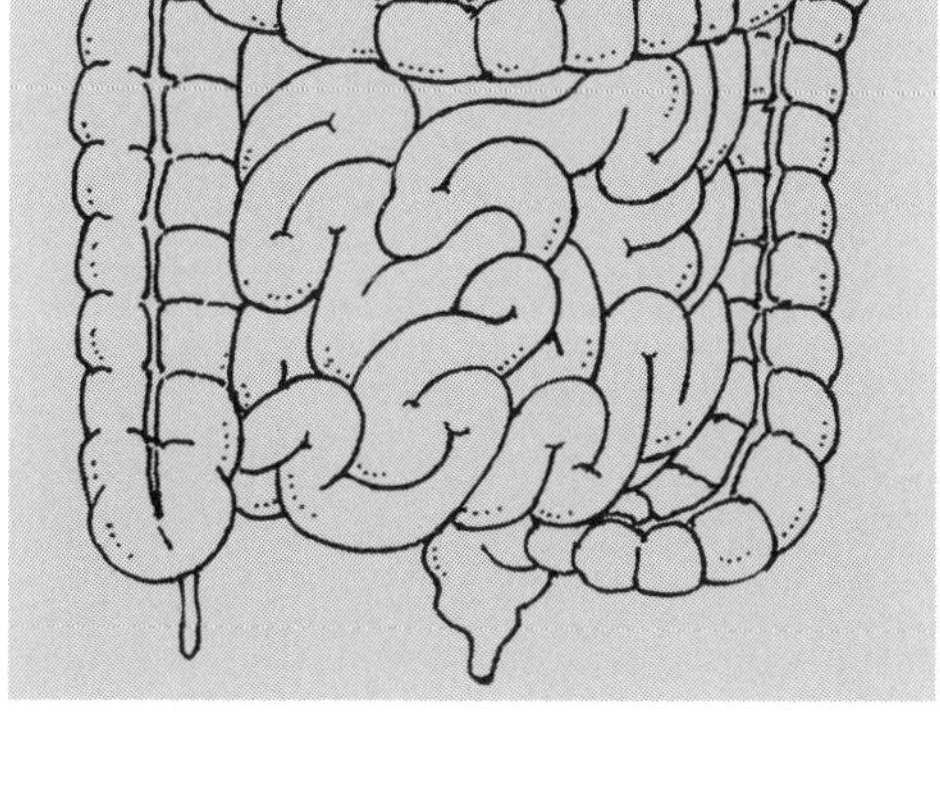

食物繊維は食生活全体で考える

腸内細菌の健康に与える影響の大きさがどんどん明らかになってきました。腸内細菌は主に食物繊維をエサにしています。その食物繊維の摂取量が減っていることが腸内細菌叢（フローラ）の乱れにつながっているということがわかっています。そのため、盛んに食物繊維をきちんととることが提唱されるようになっています。それはいいことですが、少しおかしな方向になっていることが気になります。

スーパーマーケットに行くと、こんにゃくの粒が入った米、あるいはこんにゃくでできた麺類などが販売されるようになっています。たしかにこんにゃくは食物繊維が豊富であることは間違いありませんが、害になるようなことはないとはいえ、違和感を持たざるをえません。

最も気になるのは、トウモロコシからつくられた食物繊維の一種、難消化性多糖類の「デキストリン」を混入した食品やサプリメントが増えていることです。食品にデキストリンが使われていると、「整腸作用」、「食後血糖値の上昇抑制作用」、「食後中性脂肪の上昇抑制作用」があるとして、コーラや缶コーヒー、菓子類、カップ麺、お茶、ウーロン茶などさまざまな食品に使われています。それだけではなく、それらは消費者庁から、「特定保健用食品」として、「トクホ」の表示の許可を受けています。中にはカップ麺や菓子類にも「トクホ」と記載されているものさえあります。デキストリンに限らず、

「オリゴ糖」などが使われた食品も増えています。毎日、ハンバーガーとコーラを食事にしても、トクホのコーラにしたから、食物繊維もとれるので健康的だと考えている人もいるかもしれません。

毎日、カップ麺を食べていた人も、「これでいいんだろうか?」と疑問に思うこともあったはずですが、トクホのカップ麺にすれば食物繊維もしっかりとれるのだから何の問題もない、と考えてしまう可能性もあるでしょう。毎日、砂糖がたっぷり入った缶コーヒーを3～4本飲んでも、トクホのコーヒーなんだから安心だと飲み続ける人。体重が気になる女性も、「食物繊維が入ったお菓子」だからと毎日食べ続けてしまうかもしれません。

あるいは、どんな食事をしていても、「食後には必ず、食物繊維が入ったトクホのサプリメントをとるようにしているから安心だ」と考えるかもしれません。「トクホ」という制度そのものが疑問だらけですが、それ以上に問題だと思うことは、食生活そのものを考えないで、食物繊維だけを考えることです。食物繊維さえとれば、健康にいいといった風潮には疑問を持たざるをえません。あくまでも食物繊維は食生活全体の中で考えるものです。

食品の「工業化」が最大の問題

食物繊維の問題を考えるとき、最も大事なことは、もともと日本の食事は穀類やいも類、野菜、海藻など植物性食品が多かったので、ことさら食物繊維など意識しなくても不足することはなかったということです。厚生労働省の「食事摂取基準（２０１５年）」では、男性は一日に20グラム以上、女性は18グラム以上の摂取を勧めていますが、１９４７年には27・４グラム、１９５５年には22・５グラムも摂っていました。半世紀前、ごはん中心の食生活の時代には、十分にとれていたということです。

食生活の欧米化と食品の「工業化」が問題

現在、日本人の食物繊維の摂取量は１日約14・４グラム（２０１７年）まで少なくなっています。その理由として食生活が欧米化して、肉や食肉加工品、牛乳、乳製品などの動物性食品が増えたことにあることは間違いないでしょう。ただし、より大きな問題は、食品の「工業化」です。半世紀前、食物繊維の不足など考えられなかった時代、私たちが口にしていた食品は、田んぼや畑、海や川、森などでとれたものが、そのまま米屋さん、八百屋さん、魚屋さん、肉屋さんに並んでいました。それがこの半世紀の間にどんどん変わり、生産地と消費者の間に「工場」が入るようになっています。

わかりやすい例をあげると、ジャガイモは八百屋さんで購入して、煮物にしたり蒸かして塩をふって食べていました。今は、畑で生産されたジャガイモは工場に送られ、フライドポテトやポテトチップスにされ、それらを口にすることが増えています。みかんは八百屋さんで購入して、皮をむいてそのまま食べるのが普通でした。今は、そのみかんも工場に送られ、ミカンジュースを飲むことが多くなっています。豚肉も肉屋さんで購入して、調理して食べていました。今は工場で製造されるハムやソーセージ、ベーコン、ミートボールなどを口にすることが増えています。魚介類なども、魚屋さんで購入して、刺し身や煮魚、焼き魚で食べるのが普通でした。今は工場に送られ、つみれ、かまぼこ、かにかまなどに加工されたものを口にすることが多くなっています。

工場で生産される「工業製品」だらけになっています。別な言い方をすれば、「原材料」の顔が見えなくなってしまったともいえるでしょう。豚肉なら、だれでも肉だということがわかります。ハムやソーセージになったら材料が何かわからなくなります。ミカンジュース、かまぼこなども材料が見えません。尊敬する小児科医師の真弓定男先生は、「おふくろの味の時代だ」と言います。おふくろは母親という意味ではなく、箱や袋に入った食品だらけになったという意味です。

工業製品が最も充実しているのは、コンビニエンスストアでしょう。並べられている食品の中で、顔が見えるもの、材料が何なのかわかるものは、バナナやみかんなどの果実、ニンジン、トマトなどのわずかの野菜、総菜の焼き魚くらいではないでしょうか。大事なものを忘れていました。「米」です。どんな時代になっても、どこで購入しても米はそのままです。しかも決して高くはない。詳しくは後で説明しますが、これがアメリカなどの肥満大国との最大の違い、恵まれている点だと思います。

「工業製品」は商品の均一化、均質化が必要

それはともかく、私たちは工場で製造された「工業製品」を口にすることが増えています。しかも、その工場は大規模になって、大量生産されるようになっています。大量生産をするためには、ベルトコ

ンベアーの上を同じ大きさのものを並べる必要があります。商品の均一化、均質化が必要になります。大規模工場で製造されるものは、全国に配送されるのですから長期保存、長距離輸送に耐えられなければなりません。そのため、さまざまな加工を加える必要があります。材料のある部分を廃棄し、別のものを加えることになります。捨てられるものは、商品によりますが、微量栄養素のビタミンやミネラル、そして食物繊維などです。それらは大量生産や長期保存、長期輸送には不都合な場合が多いのです。また、売れるためには、色、香り、味をよくする必要があります。保存の問題もあり、保存料、着色料、香料などの食品添加物も使われることが多くなっています。

そして、保存や均質化、あるいは味、食感などの問題から多用されるようになったのは、砂糖と食用油です。みかんを搾ることで、食物繊維が捨てられてしまうだけではなく、香料を入れ、砂糖（異性化糖）が加えた果汁のほうが、おいしく感じるので売れるからです。かにかまやかまぼこなどの練り製品も、砂糖が入ったものが多いのもそのためです。市販のハムやウインナーソーセジ、ベーコンなどで砂糖の入っていないものはないといってもいいでしょう。安い肉でも、ハンバーグにしてそこに食用油を入れれば、高級和牛のハンバーグに化けさせることができるのです。安いマグロも「ツナ缶」にして、たっぷりの油に浸せばうまくすることができます。

これらの加工食品を外国などでは「エンプティーカロリー」と呼ぶことがあります。「からっぽ」という意味です。熱量（カロリー）は取れるが、ビタミンやミネラルなどの微量栄養素や食物繊維などが含まれていない。不完全な食品だという意味で使われています。実際、それらの食品が増えたことが、現代の食生活の最大の問題だといってもいいでしょう。

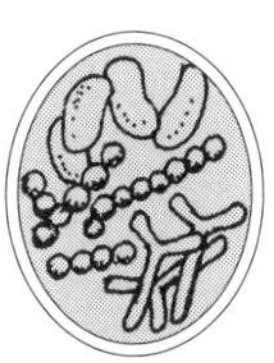

輸入小麦粉が食生活を変えた

小麦粉製品による「カタカナ主食」

ただし、練り製品や食肉加工品などはしょせん副食ですから、毎日食べるわけではないので大した問題ではありません。最大の問題は主食の「工業製品化」にあります。半世紀前、私たちが主食にしていたのは、ごはんを中心にして、まれにそばやうどん程度でした。現在は途方もなく多様化しています。パン、菓子パン、サンドイッチ、ピザ、ドーナツ、ハンバーガー、ホットドッグ、ホットケーキ、パンケーキ、ワッフル、ナンなどなど。そして、ラーメン、カップ麺、焼きそば、お好み焼き、タコ焼きなどです。どれだけあるのかわからないほど増えています。そのほとんどが小麦粉製品です。カタカナで書くものが多いので「カタカナ主食」と呼ぶことにします。

小麦粉に水を入れてこねて、水にさらすと粘土のような灰色の塊ができます。これはタンパク質の一種でグルテンと呼びます。グルテンはチューインガムの粉のようなものとイメージするとわかりやすいかもしれません。チューインガムは伸ばしたり、膨らますことができます。

ただし、国内で生産されてきた小麦にグルテンはわずかしか含まれていません。そのため、うどんやそうめん、冷や麦など限られた加工食品しかありませんでした。膨らます必要のあるパンなどには向いていなかったのです。現在でも、国産小麦のパンは、「ふんわり」というよりも、「もっちりとした食感」という表現をされることが多いのもそのためです。それに比べて輸入小麦粉はグルテンが豊富に含まれています。現在、私たちが口にする小麦粉の約85パーセント（２０１５年）が輸入小麦粉になっています。そのことで途方もない数の小麦粉製品が登場するようになっています。

そのうち、最も多いのがパンで約40パーセントにもなります。パンそのもの、あるいはハンバーガー、ホットドッグ、ピザ、ナン、ホットケーキ、パンケーキ、ドーナツなどにパン生地が使われています。

パンのほとんどが真っ白で軟らか

いわゆる自然食品店、あるいは欧米の人たちが好んで買い物に行くスーパーマーケットに行くと、「全粒粉」のパンが販売されています。「表示」を見ると、同じ「２００グラム」と書かれていても、かたちも大きさもバラバラです。まれに、大手のメーカーが販売している「全粒粉」のパンを見かけることもありますが、「表示」を見れば、10も20も材料の活字が並べられています。普通の白いパンに、わずかの胚芽やフスマが混ぜてあるだけです。だからふわふわで食べやすく、普通の白いパンと何も変わりません。大きさも見事にそろっています。

全粒粉でつくられたパンは普通のパンに比べて、茶褐色をしています。特有の香りもあり、口当たり

市販の食パンは、ほとんどが真っ白でふわふわ

もいいとはいえません。また、胚芽に含まれる油脂分が発酵を難しくさせるため、ふっくらと焼き上げることが難しいのです。真っ白なパンに慣れた日本人は食べにくいと感じる人が少なくないでしょう。それだけではなく、全粒粉のパンは保存も難しくなります。購入して数日置いて切ると、ボロボロと崩れてしまいます。全粒粉のパンは大量生産には向きません。

そのため、日本のパンのほとんどが精製された真っ白な小麦粉でつくられています。食物繊維がほとんど含まれないだけではなく、同時にビタミンやミネラル類も捨てられています。それでもまれに食べるならいいでしょうが、ここまで日常的に食べるようになると、その影響は決して小さくありません。

イギリスのブリストル大学医学部教授のケネス・ヒートンは名言を述べています。

「硬く入り軟らかく出る　軟らかく入り硬く出る」

食物繊維が豊富な全粒粉の硬いパンを食べると、軟らかい便がスムーズに出る。真っ白でふわふわの軟らかいパンを食べると、便は硬くなりスムーズに出なくなる。つまり、便秘になるという意味でしょう。実際、パン好きな人は便秘が多くなっています。パンをやめるか減らしてごはんを食べるようになって、便秘が解消する人は少なくありません。

スイーツになった「食パン」

小麦粉が真っ白になっただけではありません。そこに大量の「砂糖」が加わるようになっています。日本で市販されているパンで砂糖の入っていないものを見つけることは極めて難しいのが現実です。これは菓子パンの話ではありません。欧米出身の知人などは、「日本の食パンはお菓子みたい」、「まるでスポンジケーキのようだ」と言う人までいます。

パンは、小麦粉に含まれる「でんぷん」が分解されてブドウ糖になり、それが発酵されることによって炭酸ガスとアルコールができます。アルコールはパンに特有の風味を醸しだし、炭酸ガスは生地を膨張させてふっくらとしたパンにする働きをしています。そのさい、そこに「砂糖」を加えると、砂糖が分解されてブドウ糖になり、より発酵を進めてくれることになります。それだけではありません。そのさい、発酵されなかった余分な砂糖は、パンの色づけをよくしてくれています。おいしそうな茶色に焼くことができます。色づけが早く進むので、焼き時間が短くなり、燃料費の節約にもなります。大規模工場の場合、その節約は莫大な金額になります。

そして、砂糖を加える最大の利点は、でんぷん質の老化を防ぎ、しっとりとした軟らかさをもたらしてくれることにあります。私の小学校時代、給食はすべてコッペパンでした。昭和30年代だったので食料事情はよくありませんでした。砂糖も貴重だったので、コッペパンに砂糖は使われていませんでした。ボサボサのパンで、食べ終わるとパン屑がこぼれ、教室掃除が大変でした。翌日まで机に隠しておいて、友人の頭をたたくと「ポコポコ」といい音がしたものです。それほど硬くなったものです。また、パンに砂糖を入れると、保存性もよくなるし、塩と同じように防腐効果も期待できます。

日本で砂糖の入っていないパンを探そうとしたら、近所の人だけが買いに来るような小さな店だけでしょう。長期保存、長期輸送が必要な大規模工場で生産されるパンには、どうしても砂糖は欠かせないのです。

当然ですが、「甘味」というおいしさも加わることになります。欧米の知人が「お菓子のようだ」と言うのは、日本のパンが小麦本来の風味よりも、砂糖の甘さで食べさせられることへの違和感なのでしょう。欧米人から見たら、日本のパンはすべて「菓子パン」にしか見えないのも理解できることです。今や「お菓子」を食事で摂る時代になってしまっています。こうなると食物繊維だけの問題ではないということです。

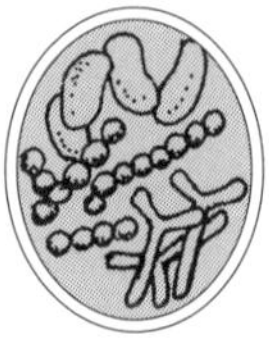

パン食は高脂肪を招く

おいしいごはんは水分が約60パーセント。うどんやそば、スパゲッティー、ラーメンなども60から70パーセントくらいの水分のものをおいしく感じます。これは、私たちの体に含まれる水分量の数字です。口に入れたとき、水分50パーセントのごはんはぼそぼそ、80パーセントだとベタベタと感じておいしくありません。その点、パンは、水分が30パーセント程度しか含まれていません、そのまま食べるとバサバサと感じておいしくありません。

バサバサと感じるのは、パンに唾液が吸われてしまうためです。そのため、お年寄りや子どもなどはのどに詰まらせてしまう事故が起きることがあります。したがって、パンをおいしく食べるためには、唾液が吸われないように、口の粘膜を油脂類でコーティングする必要があります。食パンにマーガリンやバターを塗るとおいしく感じるのはそのためです。

冬になると、忙しい朝、パンにバターを塗るのに苦労している人の話を耳にすることがあります。失礼ですが、もう少し頭を使えばいいのにと思います。パンに塗るから時間がかかるのです。最初から口に塗れば、一瞬で済みます。これは冗談ではありません。クロワッサンやドーナツにマーガリンやバターがいらないのは、一口食べれば口の粘膜が油脂類でコーティングされるからです。

副食も同じです。パンにほうれん草のお浸しを食べたらのどに詰まる可能性があります。どうしても食べたければ、バター炒めということになります。したがって、パンに野菜を食べようとすれば、普通はサラダにドレッシング、マヨネーズをかけることになります。あるいは野菜炒めになるのが一般的です。肉や魚についても同じことが言えます。パンにマグロやアジの刺し身は合いません。どうしても食べたかったらフライやフリッター、カルパッチョ、マリネなどにするでしょう。卵も同じです。喫茶店のモーニングサービスでゆで卵が出てくることがありますが、パンになにも塗らなかったら、とてものどを通りません。やはり、目玉焼き、スクランブルエッグ、ハムエッグ、オムレツのほうがおいしいと感じるはずです。パンそのものにも油脂類が含まれているものが多くなっています。そこにマーガリンを塗り、サラダにオムレツとなったら、油脂類だらけになります。

ただし、最近の食パンはそれほどマーガリンやバターを必要としなくなっています。塗らなくても十分に油脂類が含まれているからです。菓子パンやクロワッサン、デニッシュロールなどと変わらなくなってきています。

高脂肪、高砂糖のジャンクフードの脅威

2014年5月21日付の「日本経済新聞」に次の記事が掲載されました。

――国連のテシューダー特別報告者（食料問題担当）は20日までに、高カロリーで栄養バランスが悪いジャンクフードなど不健康な食品について、「地球規模で、たばこより大きな健康上の脅威になっている」と警告、課税などの規制を急ぐように各国に促した。さらに、「国際社会は深刻な問題になっている肥満や不健康な食事について十分な注意を払っていない」と苦言を呈した――

国連が高カロリーで栄養バランスが悪いジャンクフードと指摘しているのは、高脂肪、高砂糖で熱量（カロリー）は満たせるが、本来含まれているはずのビタミンやミネラルなどの微量栄養素や食物繊維が含まれていない「エンプティーカロリー」食品のことをさしています。欧米の場合には、真っ白な小麦粉で製造されたパンやハンバーガー、ピザなどを指摘しています。何しろ、３６５日、もしかしたら一日に３回口にする可能性があるのですからその影響は小さくありません。その典型的な食事が、ハンバーガーやピザにフライドポテトと清涼飲料水というファストフードのメニューであることに異論をはさむ人はいないでしょう。

これらの発言の背景にあるのは、世界規模で起こっている肥満問題があります。正確にいえば、肥満問題からくる糖尿病や心臓病、がん、肝臓病などの医療費増大に対する危機感があります。欧米の学者の中には、飢餓からくる栄養失調よりも深刻な問題になっていると指摘する人もいます。

「たばこより健康上の脅威になっている」という指摘は大げさに聞こえるかもしれませんが、私は正しい指摘だと考えています。よほどの例外を除けば、乳幼児からたばこに手を出すことはありませんが、ジャンクフードは乳幼児でも口にする可能性があるからです。

そして、「課税」というのは、アルコールやたばこ、あるいはドラッグのように、覚えてしまったら自分の意志でやめることは難しい、課税して食べにくくする以外にないと考えるようになったのです。私は何年も前から、ジャンクフードを「マイルドドラッグ」と呼んできました。「ドラッグ」という表現に「大げさ」だという批判を受けることもありましたが、国連も同じように考え出してきたということです。

食後に焼きいもを食べ過ぎる人はめったにいません。ただし、そこに「砂糖」を入れたいもようかんにすると空腹でなくても食べられる可能性があります。さらに、そこにバターやマーガリン、生クリームなどの油脂類を加えたスイートポテトにすると満腹でも入ってしまいます。したがって、焼きいも食べ放題の店は成り立ちません。スイーツ好きの女性も元を取れないとわかっているから喜ぶことはないでしょう。

まんじゅうやようかんなど和菓子食べ放題の店は、必死に探せばどこかにあるかもしれません。スイーツ（洋菓子）食べ放題の店は山ほどあります。パン食べ放題の店もたくさんあります。ただし、「小麦粉・塩・酵母（イースト）」だけでつくられたシンプルなバゲットしか置いてない店だとわかったら入る人はほとんどいないでしょう。

さつまいもの「甘さ」は自然の甘さです。干し柿やドライフルーツ、トウモロコシの甘さも自然の甘味なので食べ過ぎることはありません。「甘い」から食べ過ぎるのではなく、「砂糖（異性化糖）」を加えると、食べ過ぎになりやすくなります。さらに、そこに食用油、バター、マーガリン、ショートニング、チーズ、生クリームなどが加わり高脂肪になると、歯止めが利かなくなります。

アメリカのファストフード、加工食品業界には「糖分ゼロ、脂肪分ゼロなら売り上げゼロ」という合言葉があるといいます。マクドナルドやスターバックスなどは、世界中でそれを見事に証明しているといってもいいでしょう。覚えたらやめられないヘビーユーザーをつくるのに成功した企業といえるでしょう。

それもまれに食べるお菓子類ならいいのですが、食事そのものが高脂肪、高炭水化物（精製糖）になっている国々では、肥満問題の解決に苦労し、「脂肪税」、「砂糖税」、「ソーダ税」などが検討され、実際に「ソーダ税」を実施する国はどんどん増えています。日本もこれだけ砂糖と脂肪の多いパンと清涼飲料水を食事にする人が増えてくると、「課税」が検討される日も遠くないかもしれません。

食生活全体で食物繊維を見直す

食物繊維が不足するようになった最大の理由は、パンを中心とした精製された小麦粉製品が増えたことにあります。そのため、このように考える方もいます。

表5－1　食物繊維を豊富に含む食材

穀類	大麦、そば、玄米、胚芽精米、他
いも類	さつまいも、ジャガイモ、さといも、こんにゃく、他
豆類	いんげんまめ、あずき、大豆、枝豆、他
野菜	ゴボウ、切り干し大根、ホウレンソウ、カボチャ、他
果物	キウイフルーツ、みかん、リンゴ、他
きのこ	干ししいたけ、しめじ、えのきだけ、他
海藻類	ヒジキ、わかめ、寒天、海苔、昆布、他

「食物繊維をしっかり摂りたいので、ごはん（白米）をやめて全粒粉のパンを食べるようにしました」。米も玄米から白米にすると、ビタミンやミネラルなどの微量栄養素や食物繊維が少なくなることは事実です。白米よりも、胚芽や表皮（フスマ）が残っている全粒粉のパンのほうが食物繊維は多く含まれているでしょう。ただし、私たちが食事をするさい、全粒粉のパンや白米だけを食べることはありえません。一つの献立として、副食や飲み物などを加えて食べています。例えば、それぞれを主食にしたさいの一般的な朝食メニューを考えてみましょう。

全粒粉パン（マーガリン）、コーヒー、ハムエッグ、サラダ（レタス、トマト、キュウリ）

ごはん（白米）、味噌汁（豆腐・わかめ）、ぬか漬け（ダイコン）、納豆、焼き海苔

参考までに食物繊維を多く含む食材を**表5－1**で

紹介しますが、パン食の場合、食物繊維が豊富なのは全粒粉のパンだけだといってもいいでしょう。食物繊維というと、野菜というイメージがあるため、一部には馬の飼い葉のように生野菜を食べる女性もいますが、サラダ用の野菜は水分ばかりでそれほどは含まれていません。

ごはん食の場合は、味噌、豆腐、納豆などの豆類、わかめ、海苔などの海藻類など食物繊維が豊富になります。その他、食物繊維を多く含む食品は圧倒的にごはんに合うものばかりです。実際、日本人の米の消費量は１９６２年、年間に１１８・３キロ食べていました、それが２０１５年には54・６キロに減っています。半世紀で半減してしまったことになります。先に紹介したように食物繊維も半世紀でほぼ半減しています。ごはんの消費が減ったことで、食物繊維が減ってしまったことは明らかです。

食物繊維を多く含む食品や水溶性、不溶性の食物繊維などを意識することも意味がないわけではありませんが、より大事なことはパン食を中心とした食生活をしている限り、「食物繊維を多く含む食品」を口にすることはほとんどないということです。それは水溶性の食物繊維であっても、不溶性でもほとんど変わりません。主食が副食を決めることになりますから、まずはきちんとごはんを食べることから見直すことが大事になります。

食物繊維を意識することよりも、食生活全体を見直していただきたいと思います。食生活を見直すということは、食物繊維の摂取量を見直すことにつながってきます。それが食生活です。

6 章

腸内環境を改善する食生活の基本

幕内 秀夫

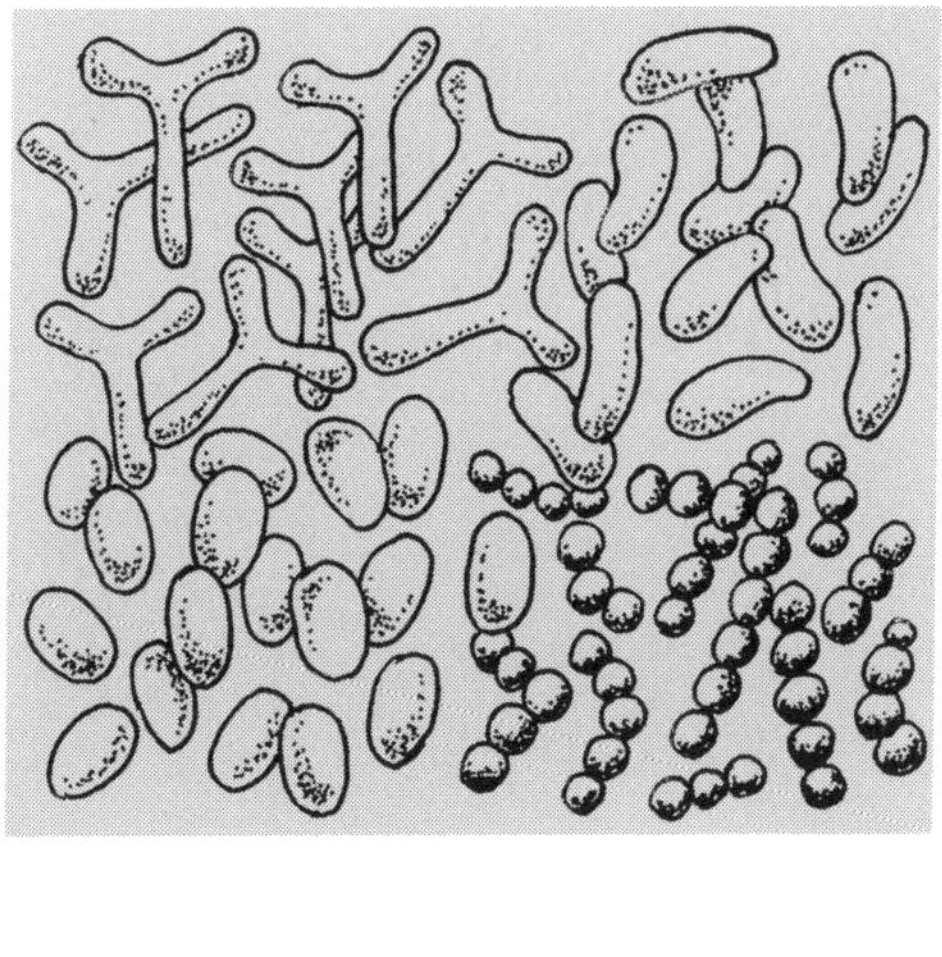

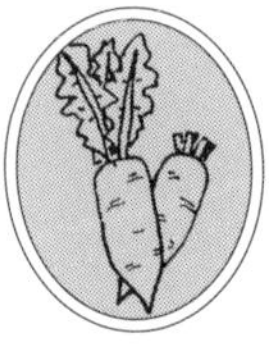

理想的な食生活は人それぞれ

腸内細菌叢（フローラ）を改善するには、腸内細菌が喜ぶエサをきちんとあげることです。そのためには何よりも食物繊維をきちんと食べることが必要になります。ただし、それを意識するあまり食生活全体がおかしくなっては何の意味もありません。食生活全体を見直しながら、食物繊維を意識することが大事になります。そして、食生活そのものを見直せば、食物繊維を意識しなくても、極端に不足することはありません。令和の時代になってもそれが可能なのが、日本の恵まれているところです。

理想的な食生活は人それぞれです。何らかの病気があり、普通の食事が難しい方もいるかもしれません。食物アレルギーがあり、食べられる食品に制限がある方もいるでしょう。生まれつき食が細く一回の食事では十分に食べることが難しく、4～5回に分けて食べたほうが無理のない人などもいます。そのように体の問題を配慮する必要な人もいるでしょう。

そして、現代社会は家族関係やライフスタイルも多様化しています。一人暮らしで、毎日、きちんと自炊している人もいるでしょう。同じ一人暮らしでも、自炊はせずにすべて外食にならざるをえない人もいると思います。昔だったら考えられないことですが、女性でもほぼ毎日接待で食事をせざるをえない人もいます。一方で、家族に食事を提供してもらえる恵まれている人もいます。ただし、自分一人の意志で食事を選択するわけにはいかないことで、苦労している人もいます。まさに、人それぞれで誰かにとって良い食事が、あなたにとっても良い食事とは限りません。

ただし、どのような条件であっても食生活を見直すことは可能です。食事だけで健康は決まるわけではありませんから、おおまかに正しければいいのです。食生活は、大切なことを見直すことは難しくありません。どんなライフスタイルの人でも見直すことができます。小さな問題をクリアするには、手間やお金もかかり難しくなります。家でいえば、大切な土台や屋根、柱や壁を見直すことは決して難しくありません。ジュータンやカーテンを見直すのは簡単ではありません。土台や屋根、柱さえしっかりしていれば、雨漏りを防ぐことができるのです。食生活はそれと同じことです。土台から見直してみましょう。

ごはんをきちんと食べることが最も大切

今、世界の先進国は肥満と糖尿病が大きな問題になっています。アメリカのテレビニュースなどを見ていると、推定、150キロはあると思われるような人を見ても驚かなくなってしまいました。日本でも肥満、メタボが話題になることが少なくありませんが、アメリカやヨーロッパなどに比べたら、まだまだいいほうだと思います。日本で150キロを越すような人を目にすることはめったにありません。

日本人が、そこまでにならない最大の理由は食生活にあることは間違いないでしょう。そのため、アメリカでは日本食ブームが起きています。寿司や魚介類、豆腐、しょうゆなどがたくさん販売されるようになっています。中には、豆腐を主食にしている人さえいるといいます。もっと勘違いしている人は、インスタントラーメンを主食にしている人もいるということです。やはり、他の国の食生活を理解することは難しいようです。

日本食の最大の特徴は、おいしいごはんがあることです。そのことを抜きにして、日本食の利点を語ることはできません。農家の人たちが長い年月をかけてつくってきたおいしい米、世界でもまれな飲用に耐えるきれいな水。そして、それを「炊いた」、父母たちの知恵。日本に最初に米が登場した頃、米は煮て食べていたと考えられています。たぶん、お粥に近いものだったのではないでしょうか。その後、蒸して食べられるようになったようです。ただし、蒸したごはんはやや硬かったと思われます。赤飯は今でも蒸すことが多いのですが、「おこわ」と呼ぶことがあるのはその名残りでしょう。その後、誰かの偶然の発見だったのだと思います。「炊く」方法を見つけたのです。「炊く」というのは、米を水で煮て火を通し、その後、釜底から水がなくなるまで焼いて、最後にふっくらと蒸しています。「煮る」、「焼く」、「蒸す」という作業を一挙にする調理方法です。

そのことによって、世界一おいしいごはんを口にすることが可能になったのです。もし、日本のごはんがこれほどおいしくなかったら、私たちは、朝から油を使ったチャーハンやピラフ、パエリア、あるいはカレーなどを食べる習慣になっていたでしょう。

しかも、米は安い。お茶碗一杯で20円から30円にしかなりません。最高の米でも、50円もあれば食べることができます。それに比べて、あんパンや菓子パンなら、1個100円以上もします。日本のごはんは、誰もが毎日食べることが可能な安価な主食です。

現在は、遺伝子組み換えや食品添加物など、食品の安全性も気になります。その点でも、ごはんは水で炊いただけですから、食品添加物の心配もありません。

おいしいごはんを毎日でも食べることが可能になりました。こんな幸せなことはないと思います。先人の努力と知恵に感謝しなければなりません。

未精製の米を食べる

日本人は、ごはんと味噌汁、漬け物を中心として季節の野菜や海藻類、そしてわずかな魚介類を中心とした食生活をしてきました。まさに、「一汁三菜」と呼ばれる食生活でした。そのような食生活で幼少期、青年期を過ごしてきた人たちが、80歳、90歳、100歳になっても元気に過ごしています。ただし、同じ「一汁三菜」といっても、現在とは少し違う点があります。

それは主役の「ごはん」です。最近は、米を「洗う」という人がいますが、少し前までは、「研ぐ」というのが普通でした。米は玄米を搗精《とうせい》（精製）して白米にします。ただし、白米には、表面にかなりぬかがついていました。そのぬかは酸化しやすく、ごはんをまずくしてしまいます。そのため、ごはんを炊くさいには「ギュッギュッ」と包丁を研ぐように擦る必要があったために「研ぐ」といってきました。そのくらい、米にはぬかや胚芽が残っていました。

胚芽やぬかが残った玄米は理想的な主食

米は未精製の状態のものを「玄米」といいます。胚芽やぬかがそのまま残っています。それを少し精製したものを「三分づき」、もう少し精製したものを「五分づき」、もっと精製すると「七分づき」と呼びます。江戸時代頃までは、お殿様などを除けば「白米」といっても、「三分」、「五分」くらいが普通だったといわれています。

私（昭和28年生まれ）が子どもの頃は、たぶん七分づきくらいだったと思います。米の生産が厳しい地域などは、つい最近まで五分づきくらいを食べていたと思われます。そのため、「研ぐ」必要があったわけです。

米に残った胚芽やぬかは、酸化すると食味はよくありません。しかし、そこには大切な栄養素が含まれています。ぬかは「糠」と書きますが、まさに「米」に健康の「康」という文字になっています。胚芽やぬかには、さまざまなビタミン、ミネラル、食物繊維が含まれています。「一汁三菜」の食生活でも健康を保つことができたのは、未精製の米を常食してきたからなのです。

ぜひ、未精製の米を試してみることをお勧めします。

玄米は胚芽やぬかが残っており、理想的な主食

「玄米」は胚芽やぬかがすべて残った状態ですから、理想的な主食ということができます。ただし、食が細い人には向きません。どちらかといえば、ダイエットしたい人にはお勧めです。近年は電気炊飯器の性能が向上したこともあって、玄米用の目盛りがついたものも出回り、簡単に玄米を炊くことができます。ただし、玄米の場合は家族全員で食べられるのかという問題も考えなければなりません。

食べやすい五分づき米、七分づき米

断然のお勧めは、「五分づき米」です。「五分づき米」は、数字は「五」ですが、かなり白く食べやすいです。普通の電気炊飯器でも炊くことが可能です。家族全員で食べられる可能性も高くなります。あるいは、「七分づき」もいいでしょう。「七分」だと、ほぼ全員の方が違和感なく食べられると思います。ただし、これら「分づき米」の欠点は、どこで購入すればいいのかという問題があります。スーパーマーケットなどでは販売されていません。近くの米屋さんに頼む必要が出てきます。

そこでお勧めしたいのは、「家庭用精米機」です。メーカーによって若干違いますが、「白米・七分・五分・三分」と選べるようになっています。米屋さんから玄米を購入して米櫃に入れておいて、好みのスイッチを押せばいいだけです。「搗きたて」が食べられるわけですから、おいしいごはんを食べることができます。白米をおいしく食べるために購入している方も少なくありません。機械の大きさもコンパクトにできていて、最近は価格的にも購入しやすくなっています。検討してみる価値はあります。

それも面倒でしたら、スーパーマーケットでも購入できる「胚芽米（胚芽精米）」もいいでしょう。白米と差がなく食べられると思います。

いずれにしても、ごはんは毎日食べるものですから、家族で楽しく食べられるものを選ぶことが大切です。ごはんは主役です。ぜひ、見直すことをお勧めします。

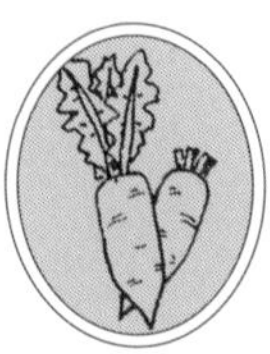

麦類・雑穀を見直す

2013年3月、長野刑務所から約2年の刑期を終えて出所するホリエモンこと堀江貴文氏の姿がニュースになり、大きな話題になったことを覚えている方も多いのではないでしょうか。ほとんどの人は犯した罪の内容よりも、その風貌に驚いたと思います。何しろ２０１１年東京拘置所に収監されたときの体重は約95キログラム、そこから長野刑務所に移送され、出所したさいは約65キロですから30キロ減ったことになります。人間が3分の2になったようなものですから、「どうしたらあんなにやせられるんだろう」と随分話題にもなりました。

当然、労働、運動、あるいは禁酒、禁煙、禁間食、禁夜食など規則正しい生活にあるのではないかと話題になりました。ホリエモンの場合は、かなりの肥満だったので体重に目が行きがちですが、全身の健康状態もよくなった可能性も考えられます。実際、関西の刑務所に往診に行っていた知人の医師は、「病院よりもはるかに病気がよくなる」と話していたことを思い出します。福島刑務所で約4年間医師として勤務していた日向正光氏も『塀の中の患者様』（祥伝社）の中で、次のように述べています。

――過去のカルテを引っ張り出して調べてみると、驚異的に改善しているデーターが確認された。何もしないで勝手に血糖値が改善した者、内服薬を減らせたり中止できたりした者、中にはインスリンすら中止できた者さえいた。それも一人や二人ではない。全体で１００人以上いた糖尿病受刑者のうち、実に８割以上の人が驚くべき数値で改善していたのである――

日向氏は、白米7割、麦飯3割の食事にあるのではないかと考えます。結果、食物繊維の摂取が多いことに着目します。当時、日本人の摂取量は約15グラムにもかかわらず、刑務所では約30グラム摂っていました。

勤務医は「検食」と言い、受刑者と同じものを食べる決まりだといいます。日向氏によれば、「毎回検食する受刑者の食事を思い浮かべると、麦飯に汁物・副菜とバランスもよく、おいしいのだが、同時にとても食べきれないほど量が多いのだ」とのこと。私自身、都内にある日本最大の府中刑務所の文化祭に行って受刑者と同じものを試食したことがありますが、あまりにもごはんが多く、やっとの思いで完食しました。現在、刑務所内の作業は軽労働になっているといいます。

それにもかかわらず、なぜ量が多いのでしょうか？　刑務所の食事の食材費は1日3食で約500円くらいだということが大きいのでしょう。その食材費で空腹を満たそうとすれば、丼飯にするしかありません。刑務所の食事の献立を見ても、特別に食物繊維を意識してるようには思えません。ただ、予算の関係でパン類は高価になってしまうため、出されることはほとんどなく、麦飯を山盛り食べることになります。そのために、食物繊維が30グラムも取れるのです。ただし、私は食物繊維の意味は大きいと思いますが、それだけではないと思っています。

明治時代、「二大国民病」と呼ばれたのは、結核と脚気でした。江戸時代、徳川幕府の将軍やお姫様などがたくさん脚気で亡くなっています。江戸特有の病気だというので「江戸患い」と呼ばれていました。後になってそれは白米単食で副食の少ない時代だったため、ビタミンB_1が欠乏していたことが原因だとわかります。「ごはん」といっても、明治時代などは東京や大阪などの都市部の富裕層を除けば、圧倒的に麦、雑穀などを加えた「かてめし」が中心でした。米は貴重でしたから、麦や雑穀（あわ、ひえ、きびなど）、あるいはさつまいも、野菜の葉などで増量するのが普通でした。結果、田舎では脚気になる人が少なかったのです。それだけではなく、米に麦や雑穀を入れることで、食物繊維だけではなく、さまざまなビタミン、ミネラル類を補うことになり、副食の少ない「一汁三菜」の食事でも健康を維持することができたのだと思っています。刑務所の食事も単に「麦飯」だからではなく、しっかり食べていることが大きいのです。主食を充実させることの影響は小さくありません。

米に麦類や雑穀を入れて食べることをお勧めしたいと思います。押麦はどこのスーパーマーケットでも購入できますし、結構おいしいものです。刑務所のように３割ではなくても、１割、２割入れて食べることを勧めたいと思います。

「カタカナ主食」は日曜日に!?

町を歩いていると男性なら軽く１００キログラムオーバー、女性なら１００キロ近くの体重があるのではないかと思われる人を目にすることが難しくなくなってきました。それらの人たちを見ていると、一つの共通点があります。50歳過ぎだと思われる人はめったにいません。60歳以上の人はほとんどいません。圧倒的に30歳、40歳だということです。

これまで体重で悩むのは、中高年になり基礎代謝が落ち、運動不足になっているにもかかわらず、食べる量が落とせない人たちでした。これまでは中高年になってから体重が増えてきた人たちです。たぶん、100キロ超、あるいは100キロ近くある人たちは中高年になってからではなく、幼少期から肥満が始まった人たちだと思います。

最近は、日本にいてもアメリカの大リーグの野球中継を見ることができるようになってきました。試合中、客席にボールが飛ぶと、とてつもない肥満の人が映し出されることが珍しくありません。中には、お子さん連れで観戦している人もいますが、たいがいお子さんも同じ体型をしています。将来、お父さんと同じ体型になってしまうんだろうなと心配になります。実際に幼少期から始まる肥満は成人になっても、減量することが難しいことが明らかになっています。まさに、日本でもアメリカと同じ、幼少期から肥満が始まった人たちが成人してきているということです。

なぜこんなことが起き始めているのでしょうか。先進国の中で肥満の多い国は、1位がアメリカ、2位メキシコ、3位チリ、4位ニュージーランド、5位イギリス、6位オーストラリア、7位アイルランドです。これらの国々に共通するのは、基本的にパン中心の食事をしている国だということです。ごはんを主食にしている国は上位に入っていません。当然のことですが、ごはんは「米粒」そのものを炊いているので余分なものは何も入っていません。それに比べて、パンのような粉食の場合、何でも入れることが可能です。実際、世界中のパンを食べる国では、どんどん「砂糖」と「油脂類（食用油、バター、マーガリンなど）」が入るようになっています。お菓子に近づいていています。これは日本も例外ではありません。パン屋さんに並べられたものを見ると、洋菓子と変わらなくなっています。これらを一日

3食食べる国が肥満で悩むようになっていることは明らかです。

日本でも、女性の中にはスイーツが大好きな人がいます。ただし、これまでは間食として楽しむものでした。そのような時代には、100キロ近くも体重のある人はいませんでした。今は、朝食は食パン、クロワッサン、バターロール、昼はハンバーガー、サンドイッチ、ホットドッグ、夕飯はパスタ、ピザなどという人も登場しています。まさに、超肥満大国の人たちと変わらない食事をしています。しかも、30代だったら、幼少期からそのような食生活をしてきた可能性があります。アメリカの大リーグ放送を見て、驚く時代ではなくなっています。

ただし、それら「カタカナ主食」をゼロにすることは難しいのが現実でしょう。若い女性の中には、それらをすべてやめてしまったら、友人が一人もいなくなってしまうかもしれません。それはそれで健康的とはいえません。自分で選択できる食事のさいに食べるのはやめて、つきあいで楽しむ、あるいは日曜日に食べるようにしたらいかがでしょうか。常食はお勧めしません。

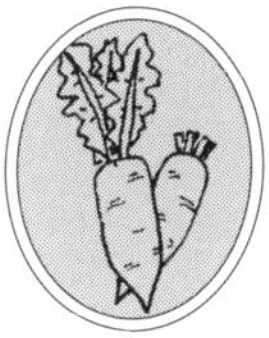

味噌汁は昔も今もごはんの名脇役

夕方、スーパーマーケットに行くと、「今晩のおかずは何にしようかしら」という声が聞こえてきます。ただし、「今晩の主食は何にしようかしら」、あるいは「今晩の汁物（スープ）は何にしようかしら」という言葉を聞いたことはありません。もし、毎日、主食から汁物、おかずまで考えなければならないとしたら、疲れ果ててしまうことでしょう。そうならないのは、われわれ日本人が主食と汁物で悩んでいないからです。

ごはんと味噌汁があり、それに合うおかずを考えているからです。そのさい、栄養的なことを考えておかずを選んでいる人はほとんどいません。どちらかといえば、好みの組み合わせ、あるいはサイフと相談して決めているでしょう。

多くの方が、そのような食事を何十年と続けています。おおまかな数字でいえば、ごはんと味噌汁だけで、体に必要なものは70～80パーセントは摂れる。残りの20～30パーセントをおかずで摂ろうとしてきたのです。しょせん、おかずは20～30パーセントの意味ですから、味覚とサイフで選んでも大きな問題にはならないのです。

ごはんは、空腹を満たすための糖質（炭水化物）だけではなく、さまざまなビタミン、ミネラル、食物繊維などが含まれています。かなりの栄養素をまかなうことができます。したがって、ごはんを食べる国は、ごはんを主食と呼び、おかずはごはんを食べるためのものと考えます。ただし、それだけですべての栄養素がまかなえるわけではありません。米は、タンパク質や脂質が少ないのが特徴です。それとどうしてもとれないのが塩分です。

そこで、ごはんの横に登場するようになったのが、大豆でつくられる味噌であり、「味噌汁」です。おそらく、ごはんの相棒として、水やお茶、お吸い物などいろいろなものが登場して取捨選択されてきたのだと思います。しかし、長い年月の間に、全国のどの地域でも味噌汁になったのは、偶然ではないでしょう。糖質だのタンパク質だの栄養素のことなど何も知らなくても、ごはんを補うものとして全国で定着してきたのは、無意識のバランスということができるでしょう。あるいは、大昔からの果てしない人体実験の結果ということができると思います。

現在の食生活は、非常に無国籍になっています。そんな現状にもかかわらず、九州に行くと甘い麦味噌があり、東海地方に行くと、焦げ茶色の渋い豆味噌があります。徳島に行くと、関東の人間にはとても受け入れられない非常に個性的な味噌もあります。全国にはさまざまな地方の味噌があり、それら

ジャガイモとわかめの味噌汁

ダイコンの味噌汁

さといもとミョウガの味噌汁

が、今も変わらずに常食されている背景には栄養的な意味だけではなく、手軽さと経済的であることもあるでしょう。

常備食を上手に活用する

今、女性の社会進出も進み、深夜に帰宅する人も珍しくありません。主婦だって働いている人も多くなっています。そのため、手軽なパン食が増えて、朝からマーガリン、バター、サラダにドレッシング、ハムエッグと油攻めになっている方もいます。それも、ある程度仕方ない面もあると思います。でも、こんな時代だからこそ、貧しくて不便だった時代の食生活の「知恵」を見直していただきたいと思います。

現在、日本には100歳長寿者が約7万人もいます。100歳の方は1920年（大正9年）の生まれになります。当然ですが、幼少期に電子レンジどころか、電気炊飯器、冷蔵庫、スーパーマーケットもない時代です。決して経済的にも豊かな時代ではありませんでした。それでは、母親はどんな食事をつくっていたのでしょうか?

おそらく、一日に1回、ごはんと味噌汁だけをつくり、常備食を利用してきたのだと思います。そして、時間や経済的に余裕があるときは、1品、2品料理をつくってきた程度でしょう。もし、そのような食事で栄養的な問題が生じていたら、これほどの長寿者は誕生しなかったでしょう。「生きるため」の食事は、手間もお金もかからないのです。手間や経済的な問題で厳しいと感じているとしたら、それは「楽しみ」のためです。食事には楽しみも必要ですが、健康を守り、維持、回復するための食事は決して難しくありません。

忙しい時代だからこそ「常備食」を見直しましょう。しかも、全国の常備食を調べると、材料の種類は違っても、見事に「野菜」、「海藻」、「豆類（種実類）」、「魚介類」がそろっています。ごはんと味噌汁さえあれば、体に必要なものが補えるようになっています。「バランス」などと考えたわけではないのでしょうが、長い時間の中で「体験」からそのようになって残ってきたのでしょう。

具体的には……

野菜――漬け物、佃煮、梅干し、ふりかけ

豆類――煮豆、納豆（干し納豆）、大豆製品、なめ味噌

海藻――焼き海苔、海苔の佃煮、ふりかけ、青海苔

魚介類――佃煮、塩辛、ふりかけ、鰹節、缶詰（鯖・秋刀魚・いわしなど）

ちなみに、わが家の場合は、漬け物（ぬか漬け、らっきょう漬け）、梅干し、納豆、焼き海苔、青海苔、ごま塩、金山寺味噌、鯖缶（味噌、水煮）などを常備しています。朝食などは、まれに魚の干物を焼くときもありますが、ほとんど料理をつくることはありません。

時間のある人にはつくり置きをお勧めします。常備食は日持ちするのも良い点です。自分でつくれ

ば、安上がりですし、食品添加物の心配もいりません。時間がない人はスーパーマーケットなどで購入すればいいでしょう。常備食は安いのもいい点です。

料理を考える前に、常備食をそろえることから考えましょう。そうすれば、ごはんを中心とした和食は難しいものではありません。

副食は季節の野菜や海藻類を中心にする

良い食生活をしているかどうかの目安に、購入する野菜の種類がどの程度あるのかということがあります。皆さんは、どんな野菜を購入することが多いでしょうか? 今、よく売れている野菜は、レタス、キャベツ、トマト、キュウリ、タマネギ、ニンジン、ジャガイモになっています。スーパーマーケットに行くと、これらの野菜は季節に関係なく、一年中販売されています。レタス、キャベツ、トマトはサラダ、ジャガイモ、タマネギ、ニンジンは、カレー、コロッケ、シチューなどに使われています。すべて、油を使った料理です。野菜のおいしさを味わっているというよりも、油脂のおいしさを食べているといったほうがいいでしょう。これらの野菜ばかりになっているとしたら、油が多くなっているだけではなく、食卓に季節感がないということを証明しています。

本来、日本は四季の変化が激しい国です。したがって、季節に収穫される野菜も豊富です。こんな豊

好ましい副食の例。豆腐とこんにゃく、きのこ、根菜などの煮物

かな国はないと思います。夏は「汗」をかく季節ですから、水分の多いキュウリや瓜、トマトなどがとれます。秋は「実りの秋」、穀類、いも類、豆類、種子類など、熱量の多いものがとれます。寒くなってくると、ダイコン、レンコン、ゴボウ、ネギ、さといもなどの根菜類がたくさんとれます。しかも、それらの野菜はどちらかといえば、温めて食べたほうがおいしい野菜です。春は、セリやフキ、ノビル、ウドなど緑の濃い野菜が多くなります。タケノコや山菜など、アクの強い野菜が多いのも特徴です。あたかも、「春だ、目を覚ませ」と呼びかけられているような気がします。

自然はうまくできていると思います。私たちも、野菜と同じ自然条件、季節の中で生きているのですから、それに逆らう必要はありません。しかも、季節にとれる野菜を食べたほうが、サイフにも優しくなります。輸入野菜が増えて季節がわかりにくくなっていますが、今でも季節によって価格はかなりの差があります。わざわざ季節外れの高価な野菜を買うことはありません。

涼しくなってくると、冷え症で悩む女性が増えてきます。真冬でもないのに、分厚い靴下を履いて寝ている人もいます。若い女性の中には、「私の体はおばあさんみたいだ」と言う方さえいます。

そこにもいろいろな理由はあると思いますが、食生活の影響も小さくないように思います。その中でも気になるのが、女性の生野菜、サラダ信仰です。「あなたは山羊《やぎ》か?」と言いたくなるほど、飼い葉のように食べている人がいます。それも、暑い夏場ならいいでしょうが、涼しくなっても食べている人がいます。

サラダをおいしく感じるのは、ドレッシングやマヨネーズの味です。野菜がおいしいのではなく、調味料がおいしいのです。しかも、生野菜は水分が多いので、火を通したらわずかの量にしかなりません。野菜を食べているというよりも、油を食べていると考えるべきです。

寒くなっても、水分の多い生野菜を食べていれば冷えてくるのも当然のことです。まれな外食などのさいに食べることまで否定しませんが、常食することはとても勧められません。

一人暮らしで、忙しい人は、総菜を利用するのもいいでしょう。自宅でつくるときと同じで、サラダや炒め物は避けて、煮物や和え物、お浸しなどを購入しましょう。一昔前の総菜は、揚げ物ばかりでしたが、最近は油を使わないものも増えています。コンビニでも野菜の和え物や煮物が増えています。理想は理想として、忙しい人はそれらを上手に利用するのも悪いことではありません。

伝統食を見直して腸内環境を整える

魚介類はアジ、イワシなどの大衆魚を中心に

動物性食品は、魚介類を中心として、肉や卵などを摂ります。ただし、輸入の肉類は加工していないものであっても安全性の面であまり勧めたくはありません。食品の安全性の問題はどこまで考えるか非常に難しい問題です。農薬、ポストハーベスト農薬（収穫後に使用される農薬）、遺伝子組み換え食品（害虫や除草剤に耐性を持たせた遺伝子組み換え作物を原料として加工した食品）、食品添加物など考えなければならないことが山ほどあります。

現代社会の中で外食は一切しないという人はほとんどいないと思います。外食では、どんな材料が使われているかわかりません。それらを口にしながら、どこまで考える必要があるのか難しい問題です。

昔から、「自然食ノイローゼ」という言葉があります。食品の安全性にこだわるあまり、精神面、あるいは人間関係、経済的な問題などで疲れ果て、不健康になってしまった人もいます。やはり、身の丈に合った配慮にすることが大事なように思います。

そんな中、最も気になるのは安さを売り物にした輸入の肉類、食肉加工品です。あまりにも薬物の使用が多い点が気になります。成長目的で抗生物質が使われているだけではなく、2020年、アメリカなどから輸入されるようになった牛肉には、日本では使用が許可されていない成長ホルモン剤さえも使われています。一般に農薬や食品添加物の問題は、ちりも積もって山になったことへの不安ですが、これまで述べてきたように抗生物質や成長ホルモン剤などは必ずしも安全・安心とは言えないような危険性を感じてなりません。

魚介類を選ぶさいは、「旬」だけを意識しましょう。「旬」がわかりにくければ安価な大衆魚、とりわけイワシ、アジなどの青魚を食べていればいいのです。魚介類を選ぶさいも気になるのは安全性の問題です。数年前、中国産のうなぎに抗菌剤が使われていることがニュースになったことを覚えている方もいるのではないでしょうか。少し前には、ハマチに使われている薬の問題も起きています。いずれにしても養殖魚の問題です。養殖される魚は、鯛やふぐ、ハマチ、うなぎなど高級魚ばかりです。イワシや秋刀魚、イカなどの安い魚に「薬」を与えてまで養殖する人はいません。高級魚だから養殖もするし、薬を使っても元がとれるのです。

養殖魚がすべて危険だというわけではありません。しかし、確実なことは、イワシや秋刀魚、鯖、イカ、アジなどの大衆魚なら、最初から心配する必要はないということです。普段、家庭で食べるさいは、「旬」になって安くなった魚を食べることをお勧めします。高級魚が好きな人は、接待や外食などのさいに楽しむ程度にするのがいいのではないでしょうか。

それでも、しょせん副食の選択の影響は20～30パーセント程度だと考えています。あまり神経質になる必要はありません。

腸内細菌叢を豊かにする食生活――10の提案

これまで提案してきたことを、本書の締めくくりとして腸内細菌叢を豊かにするポイント「10」にまとめてみました。以下の提案は現実的な優先順位です。優先順位を間違うと、手間もかかり、経済的にも厳しくなってしまいます。1から順番に見直すことをお勧めします。

1　**ごはんをきちんと食べる**　少なくとも主食の半分以上はごはんにする。ごはん以外は、そば、うどんなど「ひらがな主食」を選ぶようにしましょう。

2　**カタカナ主食は常食しない**　パン、パスタ、ピザ、ハンバーガー、カップ麺など「油脂」と「砂糖」が過剰になり、食品の安全性にも不安が残る主食は常食しないようにしましょう。まれに外食で楽しむ程度にしたいものです。

3　**発酵食品を常食する**　味噌汁、漬け物、納豆などの発酵食品を常食するようにしましょう。

4　**「常備食」を上手に利用する**　ごはん中心の「和食」は手間がかかって難しいと考えている方は、「常備食」を忘れています。漬け物、梅干し、焼き海苔、納豆、煮豆、なめ味噌、魚の佃煮、魚の缶詰、ふりかけなど常備食をきちんとそろえるようにしましょう。

5　「甘いもの」が食べたくなったら和菓子　本来、成長期を過ぎた大人に間食は必要ありません。ただし、どうしても食べたくなったら、自然の「甘味《かんみ》」がある、さつまいも、甘栗、トウモロコシ、ドライフルーツ、季節の果物などにしましょう。「砂糖」の入ったお菓子が食べたくなったら、和菓子を楽しむ。洋菓子は友人とのつきあい程度にしたいものです。

6　副食は季節の野菜やいも類、海藻類を中心にする　野菜は、煮物、お浸し、和え物などを中心にしましょう。サラダは控えめに。

7　動物性食品は魚介類を中心にする　魚介類の料理は、焼き魚、煮魚、刺し身などを中心にしましょう。油を使った料理が多くならないようにしたいものです。肉類はまれな楽しみ程度にしましょう。

8　未精製の穀類や麦類、雑穀を常食する　分づき米、胚芽米、玄米などを常食しましょう。あるいは白米に麦や雑穀を入れるのもいいでしょう。いずれにしても「家族」とのかねあいも考えて選ぶようにしましょう。

9　食品の「安全性」にも配慮する　無理のない範囲で食品の「安全性」にも配慮しましょう。ただし、3番目までを見直してから考えるようにしたいものです。ごはんをきちんと食べないで「安全性」に配慮したらいくらお金があっても足りなくなります。

10　食事はゆっくりと　食事はゆっくりとよく噛んで、楽しく食べることも大切です。

◆主な参考・引用文献集覧

『土着微生物を活かす』(趙漢珪著・農文協)
『はじめよう！ 自然農業』(趙漢珪監修・姫野祐子編著・創森社)
『天恵緑汁のつくり方と使い方』(日韓自然農業交流協会編・農文協)
『土と内臓』(デイビッド・モントゴメリー　アン・ビクレー著・築地書館)
『失われてゆく、我々の内なる細菌』(マーティン・J・ブレイザー著・みすず書房)
『腸内フローラ 10 の真実』(ＮＨＫスペシャル取材班編・主婦と生活社)
『腸内細菌の話』(光岡知足著・岩波新書)
『腸を鍛える』(光岡知足著・祥伝社新書)
『大切なことはすべて腸内細菌から学んできた』(光岡知足著・サンダーアールラボ)
『食物繊維で現代病は予防できる』(デニス・バーキット著・中央公論社)
『食物繊維と現代病』(D・P・バーキット　H・C・トローウェル編・細谷憲政監修・自然社)
『子どもの「脳」は肌にある』(山口創著・光文社新書)
『刑務所なう。完全版』(堀江貴文著・文春文庫)
『塀の中の患者様』(日向正光著・祥伝社)
『発酵食品礼讃』(小泉武夫著・文春新書)
『粗食のすすめ』(幕内秀夫著・新潮文庫)
『ドラッグ食』(幕内秀夫著・春秋社)
『世にも恐ろしい糖質制限食ダイエット』(幕内秀夫著・講談社＋α新書)
『「粗食」のきほん』(佐藤初女　幕内秀夫　冨田ただすけ著・ブックマン社)
『子どもをじょうぶにする食事は、時間もお金も手間もかからない』(幕内秀夫著・ブックマン社)

あとがき

幕内秀夫氏と初めてお会いしたのは、20年以上前にブータンを訪ねるツアーに参加したときです。農業や食に関する仕事に携わっている方たちとご一緒させていただいたので、道中も興味深い話がうかがえて、楽しく意義深い旅となりました。ブータンは国民のほとんどが農業に従事し、ほぼ自給自足の生活を行っています。日本のような農業機械はありません。牛耕でした。

家は木造でどこも3階建てが基本です。1階で牛などの家畜を飼い、2階は小さな部屋がいくつもあり、居室や台所がありました。牛乳をかき混ぜてバターをつくっていました。3階は、穀類などを貯蔵する倉庫です。衣服は外では民族衣装を着ていますが、その布も家で織っていました。外にお風呂場があって、お湯をわかして入ります。風呂好きなところに親近感を覚えました。

印象に残っているのは、案内してくれた男性のガイドです。ブータンでは観光も国が行っているので、公務員になります。英語でのガイドでしたが、何よりも自分の国ブータンを誇りに思っていることが、案内してくれる彼の言葉の端々に感じられました。

現在の食料問題をおかしくしているのは、大資本によるアグリビジネスで、資本の論理に振り回されて、農業のあり方がおかしな方向に行ってしまい、伝統的な食生活や食文化、環境が狂わされ、貧困まで起こっています。これらの問題を一気に解決するのは難しいかもしれませんが、ブータンの農業や暮らし方を見たとき、ヒントをもらった気がしました。小農、自給自足、米を主体とした有畜複合農業などです。

今回、幕内秀夫氏より、この本の共同執筆のお話をいただいたときは、まだ新型コロナウイルス感染症問題が起きる前でしたが、微生物が私たち人間にとってどれだけ大事な存在かということを、もっと多くの方たちに知って欲しいと思い、引き受けさせていただきました。その後、世界中にコロナウイルス感染が広がり、大問題になりました。趙漢珪先生は「これはウイルスの逆襲です」と言います。私たちが、あまりにも微生物をおろそか、ないがしろにしてきたから、その罰が当たったというのです。抗生物質の使い過ぎや、成長促進を目的とした家畜飼料へのホルモン剤の使用、化学農薬や化学肥料の過多な使用で、生物多様性が崩れています。本来あった微生物を含めた地球上の生態系のバランスが崩れてしまっています。

私たちは、治療薬やワクチンの開発を待つだけでなく、なぜ、このような事態が起こってしまったのか、私たちの暮らし方を見直してみる必要があるのではないでしょうか。

自然農業では、基本である土をつくるために、どうすれば畑に微生物が豊かに棲むことができるのかを考えます。畜産においても、どうすれば畜舎の床に微生物が豊かに棲むことができるかを考えます。その環境を整えるのが農家の仕事だということです。

私たちは、農産物を食べて生きています。体の微生物を整えるにはどうしたらいいのか、考えて、食べることが大事だと思います。医・食・農は、それぞれ医学・栄養学・農学と分野に分かれて研究されてきましたが、微生物というキーワードで交流。新しい発展があるのではないでしょうか。そのきっかけに本書がなってくれれば幸いです。

最後に、執筆中、私が飼い猫に噛まれ2か月以上も入院することになってしまいましたが、筑後市民病院の南公人先生はじめ看護師やリハビリのスタッフの皆様に、誠心誠意の治療及び看護をしていただき、原稿が書けたことに心より感謝いたします。

姫野 祐子

◆**日本自然農業協会**
(Japan Natural Farming Asociation)
ホームページ：https://shizennogyo.sakura.ne.jp
E-mail：shizennogyo@gmail.com
＊日本自然農業協会・天恵農場のロゴマーク（左）。
天恵農場は自然農業のブランド名

日本自然農業協会事務局
〒833-0002　福岡県筑後市前津1824-5
FAX 0942-80-4573

好ましい副食の例。ニンジン、レンコンなどの炒め煮

デザイン――ビレッジ・ハウス
写真協力――姫野祐子　澤村輝彦　吉田浩司
三宅 岳　土屋喜信　境野米子　ほか
イラストレーション――楢 喜八　ほか
編集協力――古庄弘枝　ほか
校正――吉田 仁

著者プロフィール

●幕内秀夫（まくうち ひでお）

1953年、茨城県生まれ。東京農業大学農学部卒業。専門学校の講師を勤めるが、山梨県の長寿村棡原と出会い、欧米模倣の栄養教育に疑問を持ち退職。その後、伝統食と健康の研究を行う。帯津三敬病院、松柏堂医院などの医療機関で約30年間、食事相談を担う。

現在、フーズ＆ヘルス研究所代表。学校給食と子どもの健康を考える会代表。企業の社員食堂や保育園、幼稚園の給食改善のアドバイスなどを行う。主な著書に『粗食のすすめ』（新潮文庫）、『ドラッグ食』（春秋社）、『子どもをじょうぶにする食事は、時間もお金も手間もかからない』（ブックマン社）など多数。

（フーズ＆ヘルス研究所　http://fandh2.wixsite.com/fandh/blank-cs1v）
（ブログ　幕内秀夫の食生活日記　https://ameblo.jp/makuuchi44/）

●姫野祐子（ひめの ゆうこ）

1953年、福岡県北九州市生まれ。1988年、当時「韓国自然農業中央会」（現韓国自然農業協会）会長だった趙漢珪氏との出会いを契機に日韓の農民交流をサポート。1993年、「韓国自然農業中央会と交流する会」を設立。その後「日韓自然農業交流会」に改称。「NPO法人日本自然農業協会」「日本自然農業協会」と改組、改称したが続けて事務局を担当し、事務局長を務める。

自然農業基本講習会、専門講習会、地域勉強会、趙漢珪氏講演会などの企画、会報誌「プリ」の発行、韓国ツアーの企画、通訳案内、書籍発行などを通して、日本に趙漢珪氏が提唱する自然農業の普及に努めている。主な著書に『はじめよう！ 自然農業』（編著、創森社）など。

医《い》・食《しょく》・農《のう》は微《び》生《せい》物《ぶつ》が支《ささ》える～腸《ちょう》内《ない》細《さい》菌《きん》の働《はたら》きと自《し》然《ぜん》農《のう》業《ぎょう》の教《おし》えから～

2021年５月18日　第１刷発行

著　　者――幕内秀夫《まくうちひでお》　姫野祐子《ひめのゆうこ》

発 行 者――相場博也

発 行 所――株式会社 創森社
〒162-0805 東京都新宿区矢来町96-4
TEL 03-5228-2270　FAX 03-5228-2410
http://www.soshinsha-pub.com
振替00160-7-770406

組　　版――有限会社 天龍社

印刷製本――中央精版印刷株式会社

ISBN978-4-88340-349－3 C0077